总顾问 戴琼海

总主编 陈俊龙

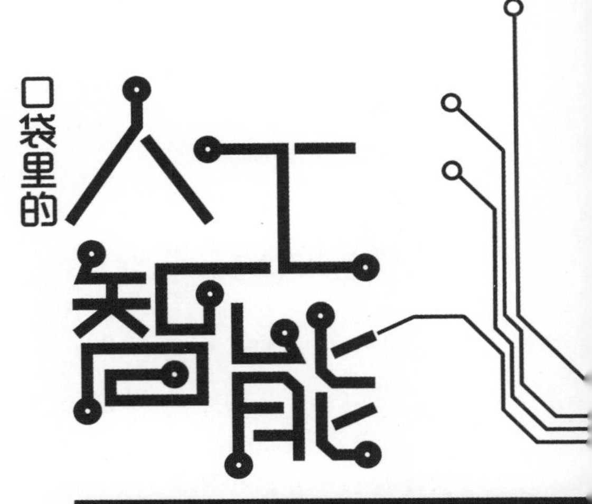

口袋里的人工智能

AI化学与生物

马 晶◎主编

SPM 南方传媒 | 广东科技出版社 全国优秀出版社

·广州·

图书在版编目（CIP）数据

AI化学与生物 / 马晶主编. —广州：广东科技出版社，2023.3（2024.9重印）

（口袋里的人工智能）

ISBN 978-7-5359-8059-5

Ⅰ.①A… Ⅱ.①马… Ⅲ.①人工智能—应用—生物化学—普及读物 Ⅳ.①Q5-39

中国国家版本馆CIP数据核字（2023）第041704号

AI化学与生物

AI Huaxue Yu Shengwu

出 版 人：严奉强
选题策划：严奉强　谢志远　刘　耕
项目统筹：刘晋君
责任编辑：谢志远　彭逸伦　区燕宜
封面设计：飛鳥魚設計 FLYING BIRD & FISH DESIGN
插　　图：徐晓琪
责任校对：李云柯　廖婷婷
责任印制：彭海波
出版发行：广东科技出版社
（广州市环市东路水荫路11号　邮政编码：510075）
销售热线：020-37607413
https://www.gdstp.com.cn
E-mail：gdkjbw@nfcb.com.cn
经　　销：广东新华发行集团股份有限公司
排　　版：创溢文化
印　　刷：广州市岭美文化科技有限公司
（广州市荔湾区花地大道南海南工商贸易区A幢　邮编：510385）
规　　格：889 mm×1 194 mm　1/32　印张4.125　字数85千
版　　次：2023年3月第1版
2024年9月第2次印刷
定　　价：36.80元

如发现因印装质量问题影响阅读，请与广东科技出版社印制室联系调换（电话：020-37607272）。

本丛书承

广州市科学技术局
广州市科技进步基金会

联合资助

“口袋里的人工智能”丛书编委会

《AI 化学与生物》

主　编 马　晶

副主编 马海波　董　昊

编　委（按姓氏笔画顺序排列）

王　倩　王国强　白俊峰　朱原峰　刘润泽　江铭杰　杨玉钦

张国洋　张淑娟　陈靓靓　贾晴晴　顾玉明　梁昕旖　温亚平

雷玉立　霍　军　魏海珍

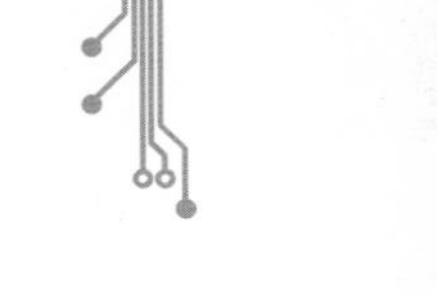

序　言

技术日新月异，人类生活方式正在快速转变，这一切给人类历史带来了一系列不可思议的奇点。我们曾经熟悉的一切，都开始变得陌生。

——［美］约翰·冯·诺依曼

“科技辉煌，若出其中。智能灿烂，若出其里。”无论是与世界顶尖围棋高手对弈的AlphaGo，还是发展得如火如荼的无人驾驶汽车，甚至是融入日常生活的智能家居，这些都标志着智能化时代的到来。在大数据、云计算、边缘计算及移动互联网等技术的加持下，人工智能技术凭借其广泛的应用场景，不断改变着人们的工作和生活方式。人工智能不仅是引领未来发展的战略性技术，更是推动新一轮科技发展和产业变革的动力。

人工智能具有溢出带动性很强的“头雁”效应，赋能百业发展，在世界科技领域具有重要的战略性地位。《中华人民共和国国民经济和社会发展第十四个五年规划和2035年远景目标纲要》提出，要推动人工智能同各产业深度融合。得益于在移动互联网、大数据、云计算等领域的技术积累，我国人工智能领域的发展已经走过技术理论积累和工具平台构建的发力储备期，目前已然进入产业

赋能阶段，在机器视觉及自然语言处理领域达到世界先进水平，在智能驾驶及生物化学交叉领域产生了良好的效益。为落实《新一代人工智能发展规划》，2022年7月，科技部等六部门联合印发了《关于加快场景创新以人工智能高水平应用促进经济高质量发展的指导意见》，提出围绕高端高效智能经济培育、安全便捷智能社会建设、高水平科研活动、国家重大活动和重大工程打造重大场景，场景创新将进一步推动人工智能赋能百业的提质增效，也将给人民生活带来更为深入、便捷的场景变换体验。面对人工智能的快速发展，做好人工智能的科普工作是每一个人工智能从业者的责任。契合国家对新时代科普工作的新要求，大力构建社会化科普发展格局，为大众普及人工智能知识势在必行。

在此背景之下，广东科技出版社牵头组织了“口袋里的人工智能”系列丛书的编撰发行，邀请华南理工大学计算机科学与工程学院院长、欧洲科学院院士、欧洲科学与艺术院院士陈俊龙教授担任总主编，以打造“让更多人认识人工智能的科普丛书”为目标，聚焦人工智能场景应用的诸多领域，不仅涵盖了机器视觉、自然语言处理、计算机博弈等内容，还关注了当下与人工智能结合紧密的智能驾驶、化学与生物、智慧城轨、医疗健康等领域的热点内容。丛书包含《千方百智》《智能驾驶》《机器视觉》《AI化学与生物》《自然语言处理》《AI与医疗健康》《智慧城轨》《计算机博弈》《AIGC 妙笔生花》9个分册，从科普的角度，通俗、简洁、全面地介绍人工智能的关键内容，准确把握行业痛点及发展趋势，分析行业融合人工智能的优势与挑战，不仅为大众了解人工智能知识提供便捷，也为相关行业的从业人员提供参考。同时，丛书可以提升

当代青少年对科技的兴趣，引领更多青少年将来投身科研领域，从而勇敢面对充满未知与挑战的未来，拥抱变革、大胆创新，这些都体现了编写团队和广东科技出版社的社会责任、使命和担当。

这套丛书不仅展现了人工智能对社会发展和人民生活的正面作用，也对人工智能带来的伦理问题做出了探讨。技术的发展进步终究要以人为本，不应缺少面向人工智能社会应用的伦理考量，要设置必需的“安全阀”，以确保技术和应用的健康发展，智能社会的和谐幸福。

科技千帆过，智能万木春。人工智能的大幕已经徐徐展开，新的科技时代已经来临。正如前文冯·诺依曼的那句话，未来将不断地变化，让我们一起努力创造新的未来，一起期待新的明天。

戴琼海

（中国工程院院士）

2023年3月

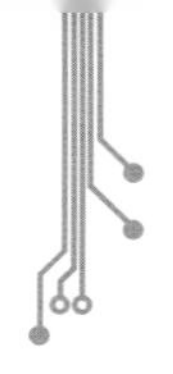

目　录

第一章

AI与化学的“天作之合”

说起对化学的第一印象，大部分读者都会联想到装有五颜六色溶液的试管和烧杯，还有穿着白大褂的科学家等。但是现在，这个印象已经略显过时了。化学的英文名称Chemistry，寓意为“化学即试错”。在几千年的试错里，人类通过化学发现了金属冶炼、石油燃烧的规律。现代飞速发展的人工智能技术，正在不断拓宽化学中试错这一概念。化学不再只是实验科学的代名词，其已经成为一个与量子力学、统计力学、计算机科学深度融合的交叉学科。在过去的十年里，伴随着大数据和人工智能（artificial intelligence，AI）的浪潮，我们见证了化学研究范式的深刻变革，且这一浪潮仍在加速。从传统的催化反应到新兴的药物研发，从实验室合成到批量生产，人工智能的影子无处不在。本章，我们将带领大家飞越几千年的文明历史，领略人工智能对化学的颠覆与重塑。

一、AI与化学的“前世今生”

化学是一门在分子和原子层面上研究物质的组成、结构、性质和变化规律的自然科学，伴随人类诞生至今，成为人类认识和改造物质世界的主要方法和手段。化学学科的核心任务之一，就是利用物质变化规律，在原子层面进行分子设计并发现新物质，进而推动能源、医药、材料等领域的发展。

随着人类社会的进步，化学探索物质变化规律的方式也与时俱进，变得越来越理性、越来越智能。在原始社会和农耕文明时代，化学属于经验科学，偏重对经验事实的描述而缺少抽象的理论概括。一些众所周知的典型例子，如钻木取火、“何意百炼刚，化为绕指柔”等，都是人类在探索自然的过程中，以归纳法得到的一些经验规律。

进入工业化时代，蒸汽机、内燃机等机器的出现极大地提高了生产力，人类对于物质探索的渴望不再局限于实用性和对经验事实的描述，开始使用演绎法对众多测量结果进行理论总结和理性概括，得到一些较为普遍的抽象理论认识。在这一时期，欧洲大陆的法国化学家拉瓦锡（Antoine-Laurent de Lavoisier）提出“氧化说”，解释了燃烧现象；英国的物理学家和化学家道尔顿（John Dalton）提出“原子说”，解释了物质组成；而在遥远的西伯利亚，俄国化学家门捷列夫（Dmitry lvanovich Mendeleyev）则总结出了元素周期律，显示了各式各样元素的神奇魅力。

进入20世纪，人类对物质微观世界的认知更加深入，建立了以量子力学为代表的理论大厦。同时，技术的进步催生了第三次工业革命，人类具备了超强计算能力的“电子大脑”——电子计算机。科学家开始使用大型计算机，结合不断发展的化学理论，试图用计算机中的虚拟反应代替传统化学实验室烧瓶中的反应，更加高效地探索物质规律。化学理论与计算机科学相结合的这一趋势最终发展成为如今的理论与计算化学，并孕育出密度泛函理论、量子化学等成果。

我们已经简短回溯了化学学科发展的3个阶段，按时间先后，分别对应于计算机科学家詹姆斯·格雷（James Gray）提出的科学研究第一范式（经验科学）、第二范式（理论科学）和第三范式

（计算科学）。然而，科学技术的不断发展，促使新的问题不断产生，现有的科学研究范式正面对着来自未来各方面的挑战。以20世纪以来欣欣向荣的生命科学为例，新药开发中的分子设计大致分为发现、合成–分离–测试、验证、批准与市场营销4个阶段。每个阶段都依赖于大量重复的实验尝试，因此可能需要耗费大量的时间和资源来发现一种新物质，并且成功率很低。计算模拟的加入缩短了新药开发的周期并降低了成本，但仍然难以应对愈发复杂、愈发迫切的药物设计需求。如果将新药发现的难度与寻找地外文明做比较，现有的药理活性化学空间中包含了约1 060!个分子（$10^{2\,748}$个），远远超过宇宙中的恒星总数（10^{23}～10^{24}个）。面对这一浩瀚庞大的化学空间，无论是传统的实验探索，还是新兴的计算模拟，都是低效率、高风险的方法。科学研究第三范式已经步入了当年第一次工业革命前夕英国纺织工人的处境，幸运的是，即将有第四范式接过科学研究的接力棒。

第三次工业革命将人类带入了信息化时代，带来了数据的爆炸性增长，为以大数据和人工智能为核心的第四次工业革命奠定了基础。如今这一浪潮正在席卷这个时代的各个领域，化学学科也在全球范围内迎来数据密集型的科学研究第四范式（图1–1）。

在第四范式下，科学家正在寻求利用数据驱动的研究方式和人工智能技术，从海量的实验与计算数据中寻找科学规律，让创造新分子变得更加快速和高效。美国化学会2021年发布的《化学中的人工智能》白皮书认为，人工智能技术将在化学领域的所有学科中引领未来的发展。无独有偶，《科学》杂志也将“人工智能赋能化学发展”列为125个科学问题之一。自2015年开始，人

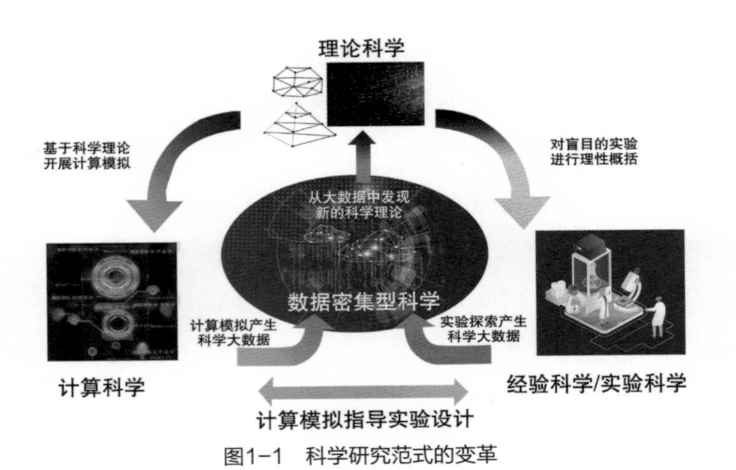

图1-1　科学研究范式的变革

工智能在化学领域的研究力度迅猛增长，尤以生物化学与分析化学为甚，这与药物设计与新药发现的迫切需求密切相关。通过字符串、矩阵或者图论的方法来表示分子，让计算机可以“看见”——识别分子的结构，通过人工智能预测分子的性质和原子间的相互作用，进而在庞大的药理活性空间搜索发现针对特定目标靶点的潜在药物；同时，利用自然语言处理等技术，人工智能程序可以从报道的文献中学习到各式各样的反应路径，并预测目标产物的合成途径；可以通过构建自动化工作流程，借助化学实验机器人来实现24小时不间断的高通量合成与筛选。相比之下，传统的药物研发往往需要几百人的共同协作，先设计出成千上万种分子，再通过人工进行大量的合成与测试，可能仅得到一种有效的药物分子，这是一个漫长、低效与耗时的过程，而人工智能则能帮助化学家快速到达成功的彼岸。

随着第四次工业革命浪潮席卷全球，我们已然处在信息时代与智能时代的拐点。更强大的人工智能算法将提供更准确和可解

释的预测模型，人工智能硬件和量子计算机的发展也将持续为人工智能提供强劲的内源动力。可以预见，人工智能+化学的科学研究第四范式将成为新的潮流，并为化学这一古老的常青树学科换上新的发展引擎。着眼于人工智能在化学中的典型应用场景和前沿领域，本章将为读者展示人工智能在化学研究中的排兵布阵，并解析其背后的原理，力求为读者提供简洁易懂的人工智能+化学的科普知识。

二、AI助力算法“加速度”

分子模拟是利用计算机的强大计算能力和物理定律的计算模拟方法，它就像一个电脑游戏一样，在原子水平上模拟单个分子（如蛋白质）或一群分子（如水）的结构、追踪分子的微观行为。分子模拟可用于研究材料体系的理化性质、药物与靶点的作用机理、表征蛋白质的多级结构、催化剂表面的反应过程等，在材料、生物、医药等领域已得到广泛应用。以分子模拟中研究系统动态过程的分子动力学方法为例，该方法通过计算每个原子受到其他原子的作用力，并使用经典牛顿力学来演绎原子系统的位置变化，其中最关键的步骤就是原子受力的计算。原子受力可通过经典的分子力场（即对于每种原子和成键类型，给定一个力场参数）或第一性原理计算（利用量子力学方法，从原子坐标计算体系能量和受力）得到，前者称为经典分子动力学，它牺牲了部分精度以提高计算速度，模拟规模通常可以达到千万原子水平和微秒（10^{-6}秒）级别。后者称为从头算分子动力学，可以达到很高的计算精度，但代价是其计算成本随电子自由度增加呈立方级增长。因此，从头算分子动力学通常只能模拟100～1 000个原子在几个皮秒（10^{-12}秒）内的演化，远离实际情况所处的时空尺度。即使是使用当前世界上最大的超级计算机，也无法使用从头算分子动力学进行复杂化学反应、锂离子电池等体系的模拟［如图1–2（a）所示］。另一方面，通过从头算电子结构方法（如密度泛函理论和量子化学方法等）研究分子体系的静态性质（分子极性、对光的吸收能力等），这一方法的计算量随体系增大呈四次方级增长，严重制约了对大体系性质的认识。例如，将两层石墨烯材料叠放在一起并扭转1.1°，这两层石墨烯在室温下的电阻就会降为0，实现了人类梦寐以求的室温超导（大多数材料都需要在低于–150℃时才具有超导性）。然而，这一体系包含了成千上万个原子，远远超过密度泛函理论或量子化学方法的计算极限，进而限制了对这一体系的深入研究。因此，发展一种兼具经典分子动力

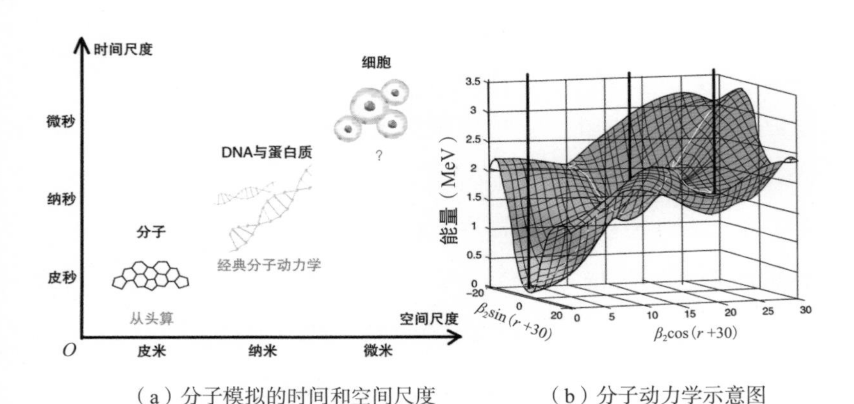

（a）分子模拟的时间和空间尺度　　（b）分子动力学示意图

图1–2　分子模拟的时间和空间尺度及分子动力学示意图

学的计算速度和从头算分子动力学的计算精度的分子模拟方法，以及突破从头算电子结构方法计算能力的瓶颈，对于理解和预测生物大分子的生命功能、设计高效反应催化剂等有着重大意义。

深度学习是当下运用最广的AI技术，其主要目标是利用计算机从大数据中进行学习，从而发现新的知识和技术，这为实现兼具计算精度和计算速度的分子模拟带来了曙光。在从头算精度的能量和力数据上，使用深度学习进行模型训练，我们便可以预测从头算精度的完整势能面（即不同分子构型下的体系能量和力，以图来表示就仿佛一个连绵起伏的山脉，其中各个凹谷就是能量极小点，对应的几何构型是较为稳定的结构）。随后，只需根据牛顿运动定律求解分子在势能面上的运动方程，我们便在经典分子动力学计算速度下实现了从头算精度的分子模拟[1]。如果将这一过程类比成打弹珠，机器学习模型训练得到势能面就相当于我们找到了一个起伏不平的场地，而求解运动方程就是观察弹珠是如何在这个场地上运动的［图1–2（b）］。这一领域的代表性工作之一为基于深度神经网络的深度势能分子动力学（DeePMD）。先根据已有的具有从头算精度的能量数据，对深度神经网络进行训练，并输出预测出的完整势能面；之后就可以“偷梁换柱”，避开非常耗时的从头算，直接将AI预测的势能面输入到经典分子动力学程序，根据势能面提供的能量和原子受力情况对模拟体系进行演化，就像放电影一样，逐一展示分子在不同时刻的运动行为（图1–3）。2020年，DeePMD在Summit（顶点）超级计算机上首次在保持从头算精度的前提下实现了4.03亿个水分子和1.13亿个铜原子的分子动力学模拟。在此之前，从头算分子动力学模拟过的最大的系统仅包含100万个硅原子。同时，相比于之前最快的模拟，DeePMD也将模拟速度提高了5 000倍，可以在一天内完成1亿铜原子在1纳秒（10^{-9}秒）内的演化。这一巨大成功使得DeePMD斩获2020年的戈登贝尔奖。DeePMD成功模拟超大体系，让我们距离复杂体系和实际化学反应的分子模拟更加接近，是人工智能加速科学研究的成功示例。

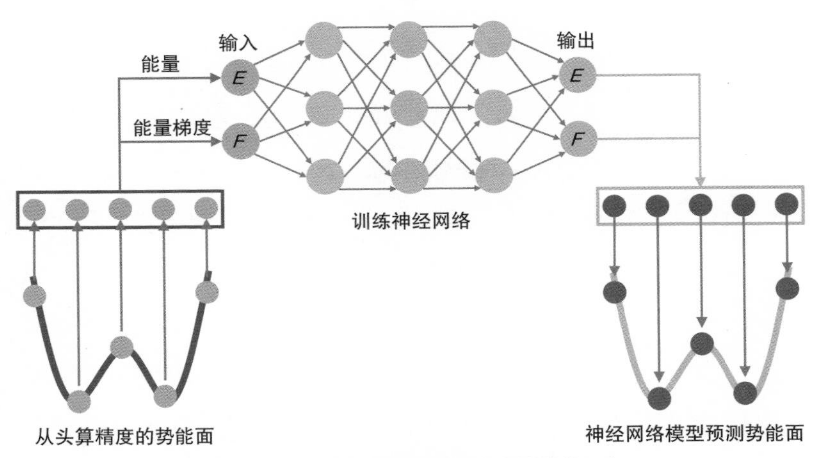

图1-3　神经网络加速分子动力学模拟的示意

举一反三，人工智能同样可以帮助我们绕过从头算电子结构方法，从分子结构直接预测得到分子性质。根据量子力学原理，只要确定了电子在分子或材料中的分布，我们就可以从物质的结构中得到所有的理化性质。传统的电子结构方法通过求解电子的波函数实现对电子分布的计算，搭建从结构到性质的桥梁；而DeepMind（深度思考）公司另辟蹊径，用人工智能技术将电子分布与结构直接联系起来，实现了对单个分子中电子分布的预测和物理性质的计算，大大降低了计算物质性质的成本。在可预见

的将来，基于人工智能的分子模拟技术将会出现更多的应用场景，如探究反应机理、设计新材料等，这将加速整个领域研究模式的转变。

三、AI与化学反应的默契合作

化学反应是化学中最奇妙的物质与能量变化过程，其本质就是旧的化学键断裂、新的化学键形成。化学反应过程如同积木游戏一样，每一个原子或者是官能团相当于一块独特的“积木”，它们可以与其他的“积木”通过形成新的化学键的方式拼接、组合，直至形成新的形状，制造出一个新的分子。所以，化学反应的研究需要解决两个方面的问题：一是探索各式各样的原子或官能团（积木）的拼接方法与方式，以提高化学反应产物的收率和选择性；二是揭秘反应过程中不同原子或官能团（积木）是如何通过化学键连接起来的。前者可以促进我们以更低成本、更高效率来合成益于人类的分子或物质，例如药物或功能材料等。而后者将帮助人们建立化学反应的微观机理，带着理性的思维方式设计和调控化学反应，可以减少实验试错的耗费，加速新反应的发现。但是，化学反应微观过程的高度复杂性超乎我们的想象。我们以最重要的反应之一合成氨反应为例，此反应通常以 $3H_2 + N_2 \longrightarrow 2NH_3$这样一个简单的通式来表达这个过程，但实际上这一个反应的发生经历了许多个基元反应步骤，涉及多个过渡态（即旧化学键没有完全断裂，新化学键没有完成形成的中间态）。我们可以将上述化学反应想象成反应物分子“翻山越岭”的过程（图1–4），目标产物的生成需要翻越很多个山岭，每翻一个山岭就是一个基元反应，每个山岭的最高点就是反应过渡态，其高度（也就是能量值）决定了一个反应的速率、反应的难易程度和反应发生所需具备的条件。同时，由于从起点出发可能会有许多个“分岔路口”（反应路径）并存，这意味着化学反应有时并不会完全按照我们期望的方向进行，而是会通过其他的路径形成副产物。多个反应步骤以及各种竞争反应路径等问题大大增加了我们设计和发现反应的难度。随着人工智能技术的蓬勃发展，结合大数据和人工智能的化学反应设计将为化学反应的研究带来新的契机。

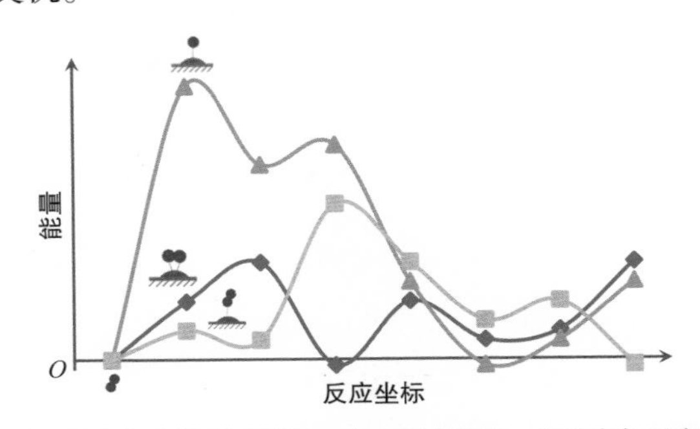

图1–4　复杂的化学反应过程：多个反应步骤、各种竞争反应路径

在化学反应的人工智能设计方面，研究人员已经取得了一些令人瞩目的进展。一方面，可以通过发展有效的描述符（例如，分子的结构，或其他测量性质如电离能、亲核性、红外吸收峰等）建立原始化学反应数据的有效表述方式，并通过构建与反应产率、选择性等相关的机器学习模型，将其用于反应产率、选择性的预测。2018年，普林斯顿大学与默沙东公司合作开发的一套

基于随机森林模型的化学反应预测算法，通过读取高通量实验数据，提取原子、分子和振动性质相关的描述符，实现了不同反应条件下碳氮交叉偶联反应产率的准确预测。这项研究意味着，化学研究人员可以通过这样一个计算工具快速确定反应是否能够产生目标产物，以及能以多少的收率获得目标产物。而在过去，通常需要消耗大量时间、人力和物力才能实现这一目标。另一方面，人工智能可以通过自动从文献学习知识，来获取原子或官能团的连接规则，以及自动规划分子的合成路线。例如，IBM公司（国际商业机器公司）将有机化学反应看作符合某种规范的新语言，从而将人工智能预测化学反应的任务归类到神经网络对自然语言的翻译。通过模仿人类大脑的学习过程，神经网络可以在学习过程中不断调整“神经元”间的连接并找到最佳连接方式，从而使得人工智能程序能够在从数十万到数百万的有机反应数据中学习到有机化学反应这门“语言”的结构和规则，进而从产物预测出所有可能的反应路径和反应物，并给出发生反应的可能性。这一人工智能程序的预测准确率高达80%。[2]

如前所述，化学反应研究的另一研究任务是“知其然、知其所以然”，这需要对每一个反应路径进行计算研究，比较每一个路径中越过山岭所需要的能量，像放电影一样展示反应发生的“慢镜头”，帮助人们理解反应发生的机制，从而设计新反应。20世纪70年代，得益于第一性原理的理论计算模拟方法、软件的发展以及计算机算力的不断提高，我们可以通过计算机模拟来帮助洞悉化学反应的微观机制，这极大地促进了新化学反应的发现。但是，化学反应微观过程极其复杂、反应路径多，反应机理计算需要耗费大量时间。而基于机器学习辅助的反应机制研究，通过“计算+数据”的研究范式为该问题提供了一种解决途径。人们可以利用基于理论计算获得的微观反应机制，将机理研究中获得的活性和选择性的化学知识转化为人工智能可识别的定量指标，通过构建学习模型来指导新催化剂或新反应的预测与筛选。例如，研究人员利用聚合物催化剂光解水制氢的数据库进行训练得到基于梯度提升的机器学习模型，通过机器学习模型发现了影响聚合物催化剂析氢性能的4个主要因素（电子亲和能，离子化能，光学带隙，催化剂分散度），并给出了可靠的聚合物催化剂结构—性能关系；之后，该程序从6 354种（超过此前相关领域报道材料的总和）候选材料里筛选出两种全新的聚合物催化剂，其光催化活性和稳定性均优于现有聚合物催化剂。可以预见，机器学习与化学研究的交叉融合，将为化学反应机理和催化剂研究注入全新的发展动力，并促使研究模式从低效率的试错法转向数据驱动的机理研究与理性设计。

四、AI与药物设计的“志同道合”

生命科学的高速发展，使得人类对自身和自然界的生命形式有了更多的理解，医学的进步也使得人类能够治愈越来越多的疾病。从公元1700年到2020年，人类的平均寿命已经从35岁提高到超过70岁，并极大地降低了非自然死亡率，在这背后，种类繁多的药物居功甚伟。例如，青霉素是人类发现的第一种抗生素，在

诺曼底登陆作战中得到大规模应用，有效抑制了伤员的术后伤口感染，挽救了成千上万人的生命；又如20世纪七八十年代发现的青蒿素，能够有效抑制耐药疟原虫的生长，在中国成功地治愈了成千上万的疟疾患者，基于青蒿素的联合疗法也被世界卫生组织认定为治疗疟疾的一线疗法。可以说，人类医疗水平的进步离不开新药物的发现和大规模应用。

科学技术的进步也促进了药物分子设计策略的不断更新。传统的药物设计非常依赖于经验，并具有很强的偶然性（如青霉素的发现其实源自一次操作失误）和盲目性（青蒿素是从众多候选分子中人工筛选得到的），平均需要筛选超过10 000种化合物才能得到一种新药。在这一阶段，人们可能并不知道某一疾病的发病机理，也不清楚药物治疗疾病的具体过程，只能盲人摸象般，从海量的化合物中大海捞针，筛选目标药物。随着分子生物学、计算化学和计算机技术的发展，药物设计开始进入理性阶段，计算机辅助药物分子设计成为新药发现的主流方法。首先，通过识别药物作用靶点（也就是发病病因）的结构与性质，我们可以设计出可以与靶点结合的先导化合物的结构；其次，在先导化合物基础上增加或删减部分片段，并在药物分子中形成关键化学基元，使其具备干扰靶点的功能；最后，通过虚拟筛选或实验筛选，得到具备药效并符合相关标准的新药物分子。这一研究模式显著加速了新药研发的速度，但从巨大的药物空间中找到具备干扰靶点能力的分子或分子片段这一漫长过程依然制约着新药的研发进度；同时，靶点（如蛋白质）的结构解析也是一个巨大的工程，其原子水平的结构解析依赖于先进且昂贵的冷冻电镜设备；

此外，基于先导化合物结构设计出的具备一定药效的分子中，能够达到毒性、溶解性等标准的分子不足10%。如何快速解析靶点结构并据此理性设计药物分子，成为药物设计的一大难题。幸运的是，人工智能技术提供了解决这些问题的新思路，并已在各大制药公司中得到广泛应用（图1-5）。

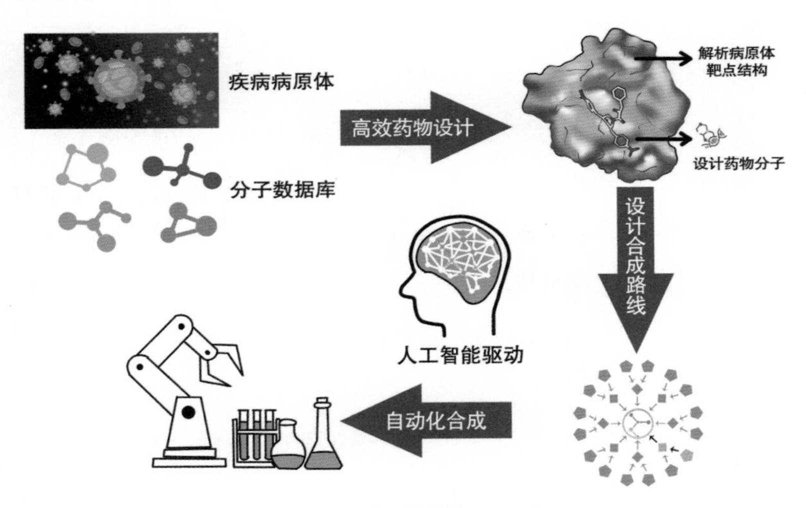

图1-5　人工智能在药物设计中的应用

一直以来，人们都在致力于利用人工智能技术实现高效、准确地识别靶点的结构，最近也是最大的一次突破发生在2020年。DeepMind公司基于人工智能技术开发了名为AlphaFold 2的程序，旨在准确快速预测蛋白质结构[3]。这一程序也不负众望，在2020年举办的蛋白质结构预测大赛中对大部分蛋白质结构预测的准确性达到92.4分（满分100分），预测的结构与蛋白质真实结构间只差一个原子的宽度，真正解决了蛋白质折叠这一难题。在2021年，AlphaFold 2又完成了对350 000种蛋白质结构的预

测，解锁了98.5%的人类蛋白质结构。而在2022年，AlphaFold 2再次刷新公众对它的期待，完成了对超过100万个物种的2.14亿个蛋白质结构的预测，几乎涵盖了地球上所有已知蛋白质。另一方面，通过机器学习从大量数据中训练定量的结构—性质关系，人工智能程序已经能够做到从分子的结构预测化合物的溶解性、生物活性和毒性等理化性质，同时也具备预测药物—蛋白质相互作用的能力。

利用人工智能技术实现对蛋白质结构及其性质的预测，使得根据靶点蛋白质结构快速设计先导化合物成为可能。例如，华盛顿大学便利用与AlphaFold 2类似的RoseTTAFold人工智能程序，根据细胞膜上控制跨膜运输靶点的结构，成功设计出可穿过细胞膜的药物分子，跳过了繁复的高通量药物筛选过程，实现了根据靶点直接设计药物的巨大进步。而在此之前，计算机辅助药物分子设计则需要从数百万分子中进行层层筛选，才能得到最终的一两种药物。可见，人工智能技术的应用可以影响药物开发过程的整个生命周期，并带来“降本增效”的巨大优势。

除了根据靶点结构进行药物分子理性设计外，人工智能还可以与逆合成分析技术及自动化实验平台结合，对筛选的药物分子进行合成途径预测并交由机器人完成合成与测试，推动药物开发与合成行业从“手工时代”进入自动化和智能化时代。预测合成路径一般可以分为以下3个步骤：首先，将完整的目标分子按一定的规则拆成一群片段分子，再将片段分子继续拆解，不断重复这一过程，逆流而上，我们就得到一个从目标分子长出来的树状结构；其次，利用已有的化学反应数据训练得到机器学习模型，教会这个模型化学反应可行性、不同反应的相关性等知识；最后，利用训练好的机器学习模型，结合各种搜索算法，在树状结构中搜索出一条或几条成功率最高的合成方案。这种基于机器学习技术的逆合成分析技术可以极大地提升合成路线设计的速度。例如，上海大学一个研究团队发展了一种基于蒙特卡洛树搜索和神经网络的人工智能逆合成分析程序，用2015年前公开发表的1 240万个化学反应训练该神经网络，并用2015年后发表的新反应（不包含在训练数据内）来检验该程序预测的准确性。结果发现，该程序预测的合成路线准确度达到了与人类科学家相当的水平，并且在5秒之内便能完成合成路线预测[4]。这一基于大数据和人工智能的合成路径预测技术已在工业界得到实际应用，如默克公司收购的Chematica、Wiley（约翰威立国际出版集团）发布的Chemplanner系统、麻省理工学院的ASKCOS和国内的Chemical.AI等。未来这些设计工具与自动化实验技术的融合，将引发新一轮研究模式的变革，借助人工智能技术，可以将科学家从流程化和经验化的合成工作中解放出来，转而思考更有价值的科学问题。

五、人工智能助力波谱分析“明察秋毫”

不同波长的电磁波会在物质内部引起电子跃迁、分子振动等变化，使得物质可以释放出各种响应信号；通过记录和分析这些信号，人们就可以知晓物质与电磁波的相互作用，并借此分析物

质的结构、成分等性质，这一技术被称为波谱分析。从牛顿开始，波谱分析一直都是人类探索物质微观结构、发现物质规律乃至进行星际探索[5]的重要手段。比如，X射线的波长与材料的原子间距相仿，因此会在材料原子间发生衍射，借助其衍射光谱可以帮助我们了解材料的微观结构；紫外–可见光波段的电磁辐射可以引起电子系统的跃迁，得到的相应吸收光谱反映了物质的电子结构；红外光波段的电磁波频率与分子和材料的振动频率接近，由此发展而来的拉曼光谱和红外吸收光谱可以准确反映物质的振动信息，可用于物质种类鉴别和含量分析；更远波段的无线电波则与原子核跃迁的能量接近，基于此原理发展而来的核磁共振成像技术可以分辨原子的化学环境，在成分分析、医疗诊断上应用广泛（图1–6）。

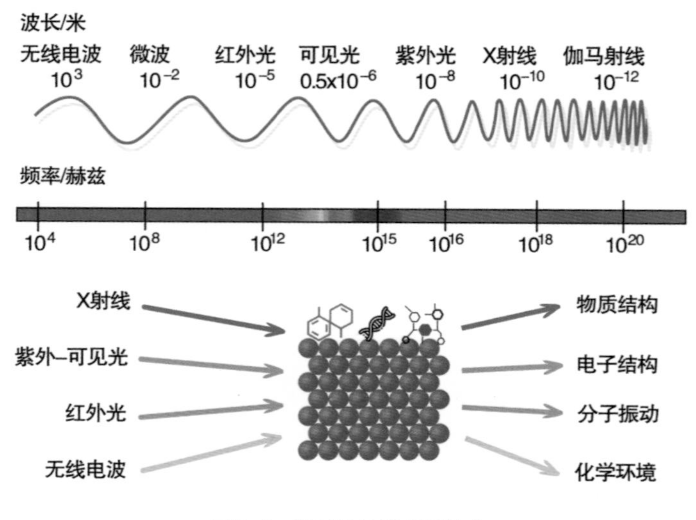

图1–6　常见的波谱分析技术

然而，由于在光谱测量中普遍存在信息降维或复杂耦合等过程，传统的光谱解读方法非常依赖于研究人员的经验，人力和时间成本高，效率低。另外，解谱的目的是利用某种规则，将每组信号峰归属到微观的结构或过程，这就意味着研究人员需要对每组信号都做一次相似的分析，因此解谱也是一种重复性的劳动。以研究蛋白质结构为例，核磁共振技术可以在几分钟内完成活体细胞内蛋白质结构和构型变化的测定，并给出核磁共振谱；然而，研究人员却要花上几周乃至几个月的时间，才能从谱学结果中逆向解析出蛋白质的结构，可谓是“实验五分钟，解谱半年功”。因此发展一种高效快速的解谱方法，已经成为学术界和产业界的共同目标。

如果将光谱解读与计算机科学中的人脸识别进行对比，我们会发现两者的任务类型非常相似：二者都是根据输入的几个信号特征，精确匹配特定对象。这就意味着，人工智能技术在光谱解读中将大有可为。韩国世宗大学的研究团队通过将X射线衍射（X-ray diffraction，XRD）光谱的分立信号理解为图片形式的连续信号，利用卷积神经网络（convolutional neural network，CNN）从1 785 405组四元化合物的XRD数据中，成功训练出可以识别晶相和组分含量的机器学习模型[6]；此外，卷积神经网络还可以实现对晶体晶型的快速识别，准确率超过90%[7]（图1-7）。

人工智能与波谱分析的结合，为未来的生物和医疗诊断提供了新方案。在过去，肿瘤的病理分析通常都需要进行有创手术和活检，会给患者带来额外的痛苦；对于某些长在脆弱器官上的肿

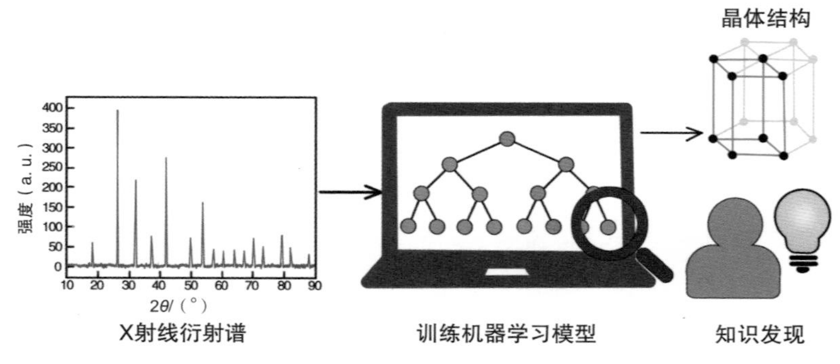

图1-7　机器学习识谱辨别物质结构

瘤，手术等手段更是无能为力。现在，人工智能和拉曼光谱检测技术的结合，为我们提供了无创、快速、准确的肿瘤检测方案。温州医科大学的研究团队收集了健康人群和大量肝癌患者的体外拉曼光谱数据，基于此训练了卷积神经网络模型，并根据实际的病理分析结果对训练过程进行修正，使得该模型达到了预期目的：通过分析患者的体外无创拉曼光谱数据，程序便能实时分析出肝部的肿瘤类型、肿瘤发展阶段等病理结果[8]（图1-8）。随着数据量的增加和技术的发展，这一技术可以方便地迁移到对其他疾病的鉴别上，从而促进相关疾病检测的发展与变革。

人工智能技术正在波谱分析中引领新一轮的研究模式变革，相关的研究成果甚至已经来到了大众身边。但在人工智能技术取得巨大成就的同时，我们也需要认识到，当前的人工智能仍然处在“弱人工智能”阶段，在未来还需要有更多的发展和完善。尽管现在的人工智能技术能够大幅提高光谱解析的效率，但技术本身也受到训练数据质量、模型自身不足的限制，在当下仅能在有限的专业领域中发挥工具属性，作为人类智力的有力延伸。随

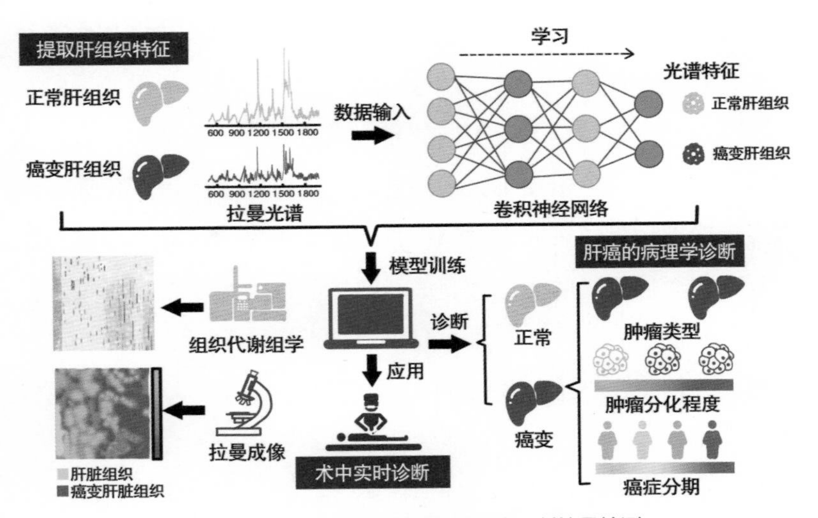

图1-8　卷积神经网络赋能肝部肿瘤无创拉曼检测

着人工智能模型的完善和数据质量、数量的上升，未来的人工智能技术将具备更多、更强大的功能，成为波谱分析中的强有力工具。

六、会做实验的化学合成机器人

化学的发展为医药、材料、信息等领域的发展提供了物质基础。当我们在寻找续航能力更长的新能源电池、治疗疾病的药物、可降解塑料或任何其他具有我们预期特性的新物质或新材料时，都会用到化学。如前文所述，结合人工智能技术，研究人员已开发出一系列适用于物质或材料的快速、高效设计与预测的技术平台——高通量计算，即在计算机上完成材料的设计工作。但

无论如何，设计出的新物质或新材料还需要实验人员去亲自动手制备、验证。合成化学就是创造出这些物质与材料的重要手段，但是，与高通量计算设计不同的是，大多数实验室中的物质合成这一关键环节尚停留在手工操作阶段。一定程度上讲，化学实验就像近代炼金术，研究人员每天在实验室中操作试管、烧瓶和加热装置，通过反复的尝试来完成新物质的创造工作。这意味着，整个研究过程需要大量的人力成本，进而影响了研究效率。与此同时，长时间、重复、枯燥的工作容易导致研究人员的生理疲惫，存在实验安全隐患。若能在化学实验室中引入自动化的实验技术，制造一个行动灵活、神通广大、任劳任怨的化学合成机器人，则有望将研究人员从大量、冗长的重复性工作中解放出来，从而更好地开展创造性的脑力劳动。事实上，早在20世纪70年代，已经有化学家尝试实现在化学实验室中引入自动化的想法，随后逐步发展成了自动化试验技术，期望在不久的将来具备人类智能的化学合成机器人能够在各个实验室大展身手。

（一）从人工到自动化："合成机器人"

近年来，化学安全事故频发，化学实验室的安全事故通常与易燃、易爆、剧毒化学品的违规使用相关。因此，发展自动化实验技术、减少实验过程中人员的直接参与对提高化学安全性具有重要意义。20世纪70年代前后，自动化实验的思想首次提出并实现，科学家通过开发由计算机程序控制的合成系统，用于实验药品的添加与反应控制，实现特定产物的自动合成。随后提出了基于模块化、集成化的设计理念，实验人员可以根据实验的具体需求选择和搭配不同的反应器皿、反应设备等组件，定制集成化学实验系统用于自动化实验。受限于当时的软硬件水平等因素，仅有一些特定的反应实现了自动化，没有得到广泛应用。1984年，Frisbee等设计出具有多个反应器和机械臂的自动化实验系统，可以实现并行实验。该系统通过机械臂与反应系统的协同，实现的实验操作场景包括：加料、产率色谱定量分析、后处理（淬灭、萃取、过滤等）以及反应设备清洁等[9]。

20世纪80年代末起，由于制药行业对药物分子的大规模筛选——高通量筛选的需求激增，与之相匹配的高通量自动化合成引起了化学家的兴趣。高通量合成的优势在于：一是不仅取代了重复性工作，还实现了人工操作难以企及的高维度化学空间的大规模探索；二是通过高通量自动化合成系统可快速产生大量系统化、标准化的数据，降低数据提取与融合的难度，为建立高质量数据库奠定基础。2018年，来自美国辉瑞制药公司的研究人员基于流动化学（flow chemistry）与超高效液相色谱—质谱联用技术（ultra-high performance liquid chromatography mass spectromety，UPLC-MS）开发的自动化高通量合成系统每天可实现超过1 500个批次的反应化学合成。如此大的筛选规模，一个熟练的有机合成工作人员通常需要2～3年的高强度工作才能完成。利用该高通量合成系统，以Suzuki反应这种在药物合成中广泛使用的反应为模型，可以对反应所涉及的催化剂、溶剂、温度等多维度的参数进行自动化筛选，为后续大规模生物活性评价建立基础[10]。

当前，针对特定产物的合成，诸如一些化工生产过程，以及寡肽、寡糖和寡核苷酸等，自动化实验技术已日趋成熟（图

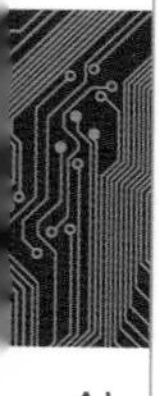

1–9）。但是，一个完整的化学合成通常包含多个反应步骤及多种实验操作场景，经常需要研究人员根据实验过程中的现象来规划下一步的操作。若要为自动化实验系统赋予“人的自主学习思考能力”，建立通用性的、智能化的实验平台仍极具挑战性。

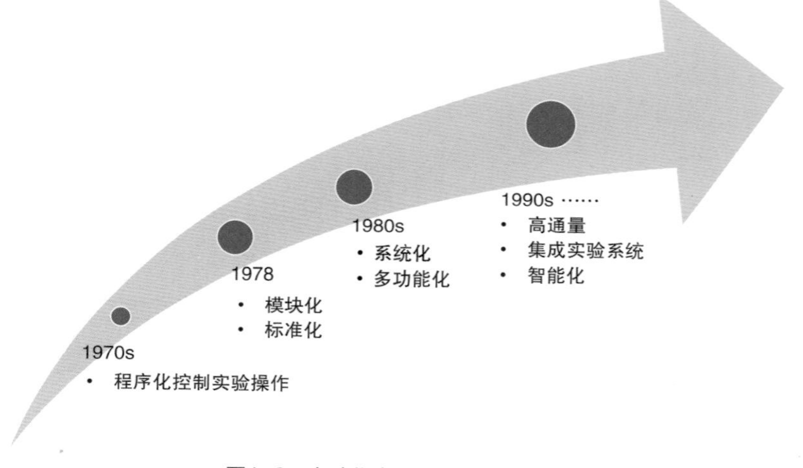

图1–9　自动化合成化学的发展历程

（二）从自动化到智能化：智能化学合成机器人

在化学合成研究中引入自动化技术可以将实验人员从重复性的体力操作中解放，提高了实验的安全性和效率。而融合了人工智能技术的自动实验系统将会具备学习和思考的能力，形成智能化的化学合成机器人，使自动实验系统发展为自主发现系统。

自主发现系统的一般工作流程包括生成假设、测试假设、通过自动化实验的反馈调整假设（图1–10），其中，优化或搜索算法是系统的核心。系统将实验数据输入到机器学习算法中，通过算法进行正向计算，使用计算结果反向传播优化目标函数，可以实时学习所需属性，从而允许系统自主探索其设计的实验参数空间，实现化学合成的闭环设计。例如，利物浦大学Cooper教授与自动化公司Labman共同研制开发一套机器人化学家系统，该系统可每天工作21.5小时，8天内完成688个实验。采用贝叶斯优化算法，通过不断的优化调整参数，实现光解水产氢的催化剂的自动化筛选[11]。中国科技大学也开发了一套具备科学思维能力的机器人化学家系统，该系统可以自主从文献中获取知识、规划实验方案、执行化学合成与表征、进行数据分析并反馈等[12]。

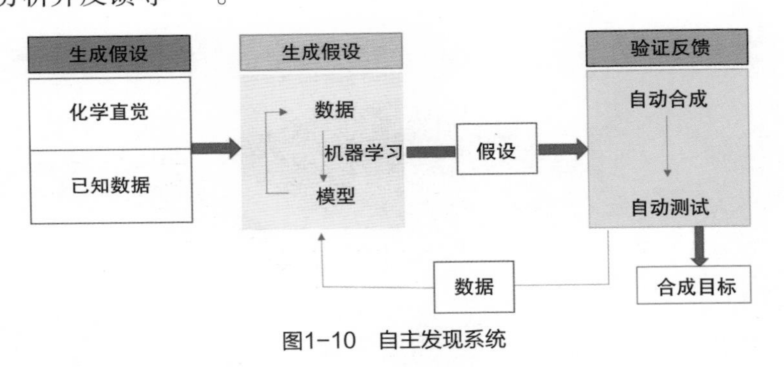

图1-10 自主发现系统

综上所述，自动化、机器人技术与化学合成的结合，已经构建了自动化实验系统的雏形（图1-11）。有了合成机器人这样一个工具，化学家不用亲自操作，可以更专注于创造性的设计与规划。现阶段，基于自动化实验结合机器学习技术建立的智能化实验系统也为化学科学带来新的理解和发现。由于该类实验平台的开发涉及诸多实验硬件设备的集成以及控制软件的开发，成本高、技术难度相对较大，与国外的研究机构相比，我国在该方面的研究尚处于起步阶段。令人欣喜的是国内多所高校与企业

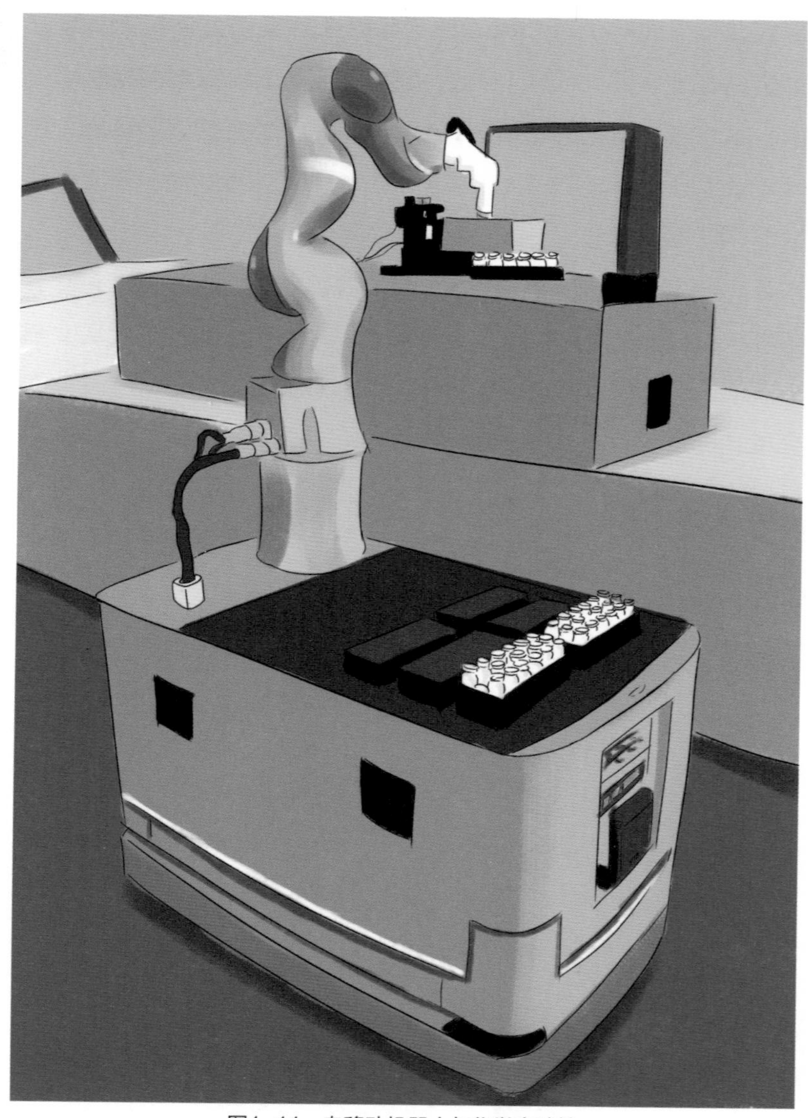

图1-11　自移动机器人与化学实验站

已经对此开展了相应的研究，例如中国科学技术大学、南京大学[13]、厦门大学[14]、南京邮电大学等高校及科研院所，以及一些科技型企业已经在机器人化学家或自动化合成系统的开发方向开始了探索。随着我国在人工智能与自动化技术等前沿科学技术领域的持续性政策支持与投入、科研人才的不断积累，以及相关领域的学科交叉融合，相信我们在该领域的竞争力会显著提高，制造出越来越优秀的会做实验的机器人。

第二章

AI与生物学的“相辅相成”

化学的发展为生物研究和理解生命现象提供了分子基础。从蛋白质到细胞、组织、器官以及机体，从微生物到花鸟鱼虫直至生态环境，因为有了生命，地球才充满了勃勃生机。生命体系的物质组成、结构与功能、发展和变化规律等都蕴含着丰富的内容。在探索生命奥秘的过程中，往往是以化学和物理为基石的，例如生命过程实际上是蛋白质、核酸、糖、脂类等生物大分子和一些小分子的复杂化学过程。由于生命体系的高度复杂性，近年的研究已经产生和积累了高维且海量的生物数据。数据密集型科学发现与人工智能的结合，极大改变了人们对于生物过程和生命的认识，也逐渐形成了生物学研究的新范式。本章中，我们将选取近年来AI在生命科学研究中的若干代表性应用，展现AI对于帮助人们理解生物系统和生命过程的重要作用。

一、当AI走进蛋白质的世界

（一）AI揭秘蛋白质结构

蛋白质是我们生命的重要基础物质，它不仅参与构成细胞结构，更是细胞的主要功能分子。蛋白质在生物体内的生物功能多种多样，包括催化化学反应、参与物质运输、作为信号分子调控生命过程等。在细胞的整个生命周期中，从“出生”（细胞分裂）到“死亡”（细胞的凋亡、坏死等），蛋白质都扮演着极其重要的角色。因此，要想深入理解生命过程，我们需要先理解蛋白质的结构及其生物功能。

令人惊讶的是，蛋白质呈现出各种复杂的功能，但是其基本组成单元却并不复杂，如万花筒一般，绝大多数天然蛋白质只包括20种氨基酸。这20种氨基酸就如同20种各不相同的串珠，可串出各种排列的串珠链，且串珠链还能进一步盘曲、堆叠成各种空间结构。我们把氨基酸残基的排布顺序即蛋白序列称为蛋白质的一级结构；而一条序列进一步折叠形成的三维结构，称为蛋白质的二级、三级结构（图2-1）。正是蛋白质复杂的空间结构，造就了其多样的生化功能。

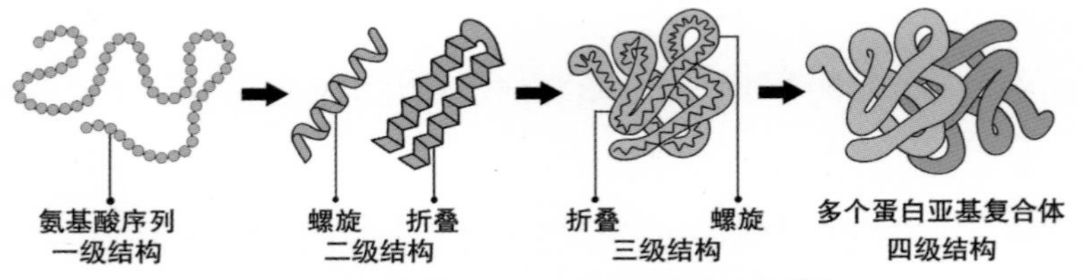

图2-1　蛋白质的一级、二级、三级和四级结构

对蛋白质结构的了解有助于理解其工作机制，并对疾病机理（例如很多疾病被认为与蛋白质的错误折叠相关）、药物研发等工作的开展具有重要意义。一般而言，为了能开发出对蛋白质上的药物结合位点（又称靶点）有强活性的药物，先要对蛋白质特别是靶点的三维结构有较为清晰的认识。过去的研究往往需要借助X射线晶体学、核磁共振（nuclear magnetic resonance，NMR）、冷冻电镜（Cryo-SEM）技术等获取蛋白质的空间结构。但是，这些实验不仅花费高昂、实验周期长，而且通常是以间接的方式得到蛋白质结构。以冷冻电镜为例，实验先得到的是电子密度图，最终的蛋白质结构需要科研工作者进一步重构和推演。

现在人们借助AI技术，通过由实验测定的蛋白质结构数据来

训练得到的神经网络模型，可以快速地将实验结果转化为较为准确的空间结构，极大降低了在结构解析上花费的时间和精力，使得研究者得以从烦琐的实验中解放出来，而去更进一步地研究蛋白结构本身的性质、机理与应用等。

除了上述的AI蛋白质结构解析，人工智能还能直接预测蛋白质结构。截至2022年8月，GenBank（DNA序列数据库）中收录的人类已知的基因序列有239 915 786条，而全球蛋白质数据库PDB（protein data bank，是收集蛋白质三维结构的一个主要的数据库）中只有194 259个蛋白质结构数据，这已经是人类在过去50多年来积累的几乎全部结构数据。1972年诺贝尔化学奖得主克里斯蒂安·安芬森（Christian Anfinsen）提出，蛋白质的氨基酸序列决定其空间结构，也就是说，理论上我们可以只基于序列信息推导出蛋白质的空间结构。但在实际研究中，蛋白质结构预测一直是困扰科学家们的难题。

在过去的几十年中，研究人员基于能量景观理论、现有蛋白质结构模板、残基接触以及从头预测等方法，开展了研究人工智能预测蛋白质结构的系统工作。代表性的研究团队是美国华盛顿大学的David Baker教授课题组及其开发的Rosetta程序包。张阳教授、周耀旗教授、许锦波教授等华人学者在相关领域也都取得了重要的研究进展。例如，张阳教授课题组开发的I-TASSER是一种被广泛使用的蛋白质结构预测网络服务器。许锦波教授于2016年开发出RaptorX-Contact方法，通过学习已知结构的蛋白质数据，将结构预测问题转换为图像处理中的图像语义分割问题，显著提高蛋白质结构预测的精度。他们首先基于多序列比对，寻找和指定蛋白质同源的蛋白质。其次采用AI模型通过共进化信息预测残基间的相互作用和距离，并用矩阵表示出来。最后根据相互作用关系矩阵，重构出蛋白质的三维坐标。这样的做法将预测蛋白质空间结构的问题转化为预测二维的蛋白质相互作用矩阵的问题。与传统的协同进化全局统计方法预测相互作用关系相比，基于AI的方法在预测精度上有显著提升。

2018年，谷歌公司旗下的DeepMind公司发布了AlphaFold程序。该程序并不使用已经被解析结构的蛋白质作为模板，而是训练了一个神经网络来预测蛋白质中残基对之间的距离分布及角度分布。随后，使用这些数据对三维结构进行初始化，并在这些分布的约束下，使用优化能量函数的方式对结构进行不断调整直至收敛。AlphaFold程序准确预测了43种蛋白质中25种的三维结构。

2020年，DeepMind公司发布了AlphaFold 2。在该版本中，他们在神经网络中引入了在自然语言处理中常用的注意力机制，用来考量蛋白质序列中关键残基的效应，这极大程度提高了蛋白质结构预测的精确性（图2-2）。AlphaFold 2将输入序列的多序列比对（multiple sequence alignment，MSA）的结果和配对关系输入到一个被称为Evoformer的模块中，这个模块包含了基于注意力机制和非注意力的元素，它的主要创新在于能有效交换MSA和配对关系的信息并借此推断空间关系和进化关系。Evoformer模块的输出会进入结构模块，这个模块以旋转、平移的形式赋予每个氨基酸一个明确的三维结构，并在迭代中优化结构，直到输出最终的合理结构[15]，AlphaFold 2被认为是在蛋白质结构预测领域的突破性进展（图2-3）。

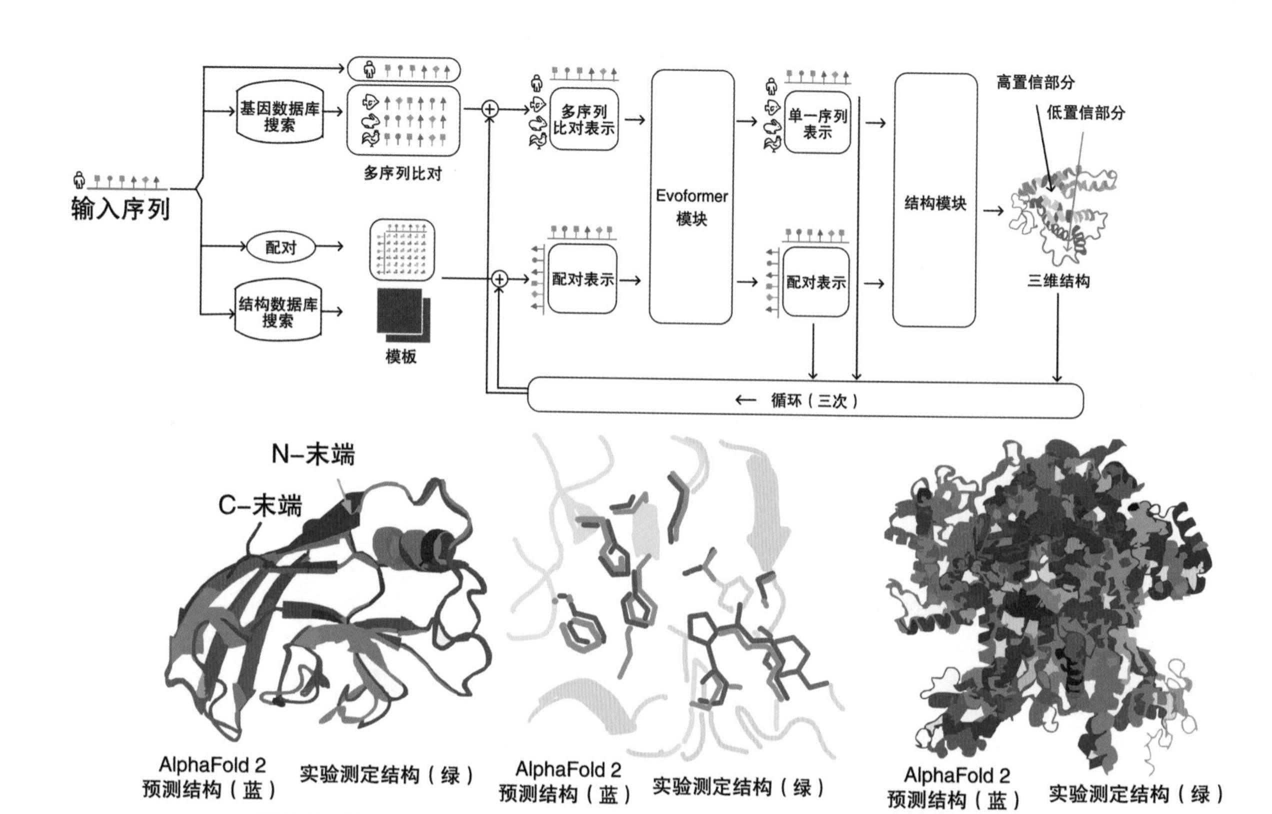

图2-2　AlphaFold 2的网络结构，以及其预测的2个蛋白质结构与实验解析结构的比较

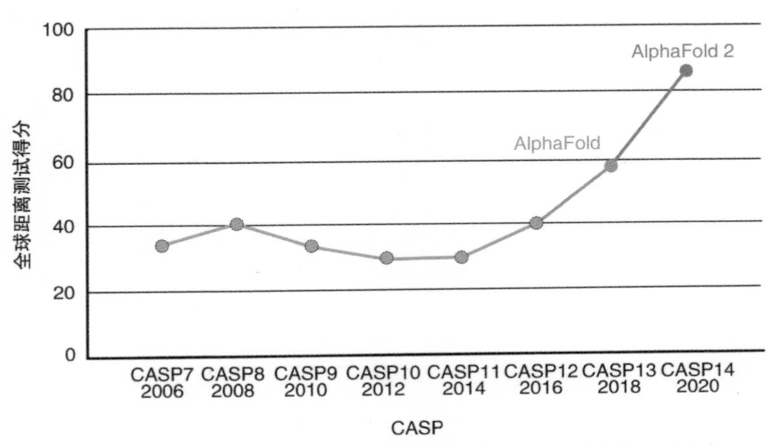

CASP（critical assessment of structure prediction），蛋白质结构预测比赛；GDT（global distance test），全局性距离测试。

图2-3　AlphaFold和AlphaFold 2在蛋白质结构预测比赛CASP中大放异彩

2022年，DeepMind宣布，他们借助AlphaFold 2强大的预测能力已经完成了对两亿多种蛋白质的结构预测，涵盖了几乎所有已解析出基因序列物种的蛋白质三维结构。根据评估，其中约有35%的结构是高度准确的，也就是说它们和实验解析的结构精度相当；另外45%也被认为具有较高的置信度，可在许多场景中应用。

（二）AI与蛋白质的奇思妙想

药物与靶点的相互作用是药物研发中的重要环节。传统计算机辅助药物设计常采用大规模计算的方法：研究人员基于实验数据和理论计算建立一个包含许多小分子结构的分子库，然后引入经验性的打分函数来判断每个小分子和靶点的结合能力，依据预测结果来筛选比较好的先导化合物。但这些方法的准确性依赖经验性的打分函数，且如果要比较系统地遍历整个蛋白表面来预测

可能的配体结合口袋[①]，往往耗时、费力且效率不高。AI的引入极大程度改变了现状，例如：通过图神经网络等方法，学习已知的蛋白—配体复合物结构，能够提取接触面的结构特征；结合深度神经网络对蛋白质和配体理化性质的学习，目前的神经网络已经能够比较准确地预测给定蛋白质的结合口袋、结合的关键残基。同时，AI的引入还使得我们能够针对给定的结合口袋，从头设计药物分子，使其与结合口袋具有更好的结合能力。

除了蛋白折叠以及蛋白—配体复合物相关的结构问题，蛋白质的功能是更贴近我们需求的问题，揭示蛋白质的氨基酸序列和蛋白质功能之间的关系一直是一个巨大挑战。过去，人们提出了基于序列比对的BLAST方法、基于短氨基酸"基序"的分类等传统方法，然而，依旧有三分之一左右的微生物蛋白质无法确定其功能。在这方面，AI又一次展现了威力：通过对蛋白质家族数据库中已知蛋白质家族的序列表征，AI模型可以学习新的序列表示方式，并泛化到未知的序列空间，从而预测未知序列的蛋白质功能。

---

① 结合口袋是指蛋白质表面或者内部能够结合配体（例如小分子抑制剂等药物）的区域。该区域往往呈空腔状，其氨基酸组成和相对位置决定了空腔的形状、特性及功能。结合口袋与配体的互补性越强，则与配体的亲和力也就越大。配体结合到蛋白质上之后，就会发生一系列的变化，例如分子量较大的淀粉可以被一种称之为"淀粉酶"的蛋白质转化为麦芽糖，而麦芽糖又可以被麦芽糖酶转化为人体可以吸收的葡萄糖，从而提供人体组织需要的养分。早期的时候，科学家形象地用"锁和钥匙"来描述蛋白的结合口袋和配体，用以说明结合口袋对于配体的精准识别作用。后来人们逐渐认识到，结合口袋并非刚性不变的，其可以随着配体的变化而相应地发生变化，从而"智能"地实现对于配体的选择性识别。需要指出的是，蛋白质结构的柔性是结合口袋发生变化从而适应与配体作用的重要保障。因此，对于结合口袋的形状和变化的深入理解是合理和高效设计配体的重点。

二、AI：核酸配对的预言家

核酸是生命体不可或缺的遗传物质，大家耳熟能详的DNA与RNA便分别是指脱氧核糖核酸与核糖核酸。

核酸与蛋白类似，也是由少数几种基本单体聚合而成。构成核酸的单体称为核苷酸，包括腺嘌呤（A）、鸟嘌呤（G）、胞嘧啶（C）、胸腺嘧啶（T）和尿嘧啶（U）5种（图2–4）。在编码遗传信息时，核酸上每3个核苷酸作为一个整体，称为一个密码子，因为它就像一个密码本一样，对应一个特定的氨基酸。

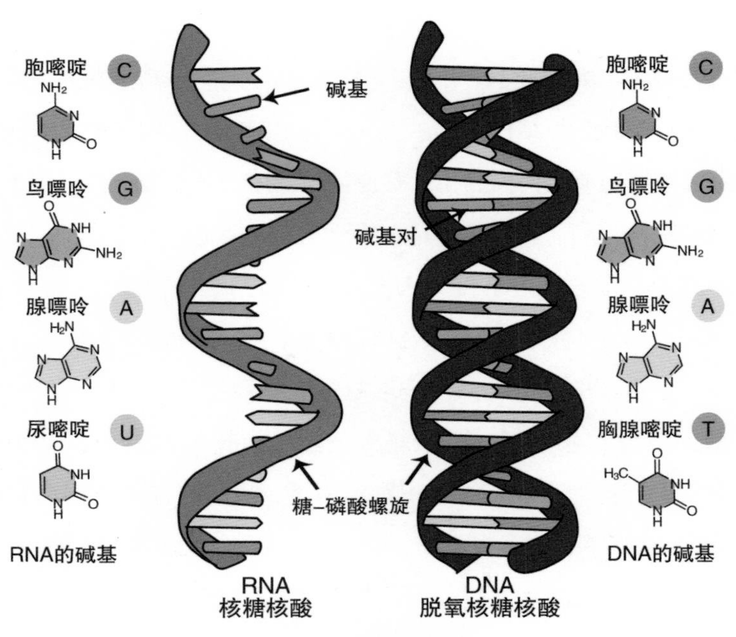

图2–4　碱基及核酸结构

核酸在氢键、疏水作用、π–π相互作用等相互作用的驱动下形成高级结构。比如大家熟知的DNA双螺旋结构是由沃森与克里克在1953年提出的，他们也因此获得了1962年的诺贝尔生理学或医学奖。除了双螺旋结构之外，天然的核酸还会形成其他高级拓扑结构，如G–四链体，它是由富含串联重复鸟嘌呤的DNA或RNA折叠形成的高级结构。很多RNA的功能都高度依赖其折叠形成的高级结构，比如转运RNA的二级结构是三叶草状，三级结构则是“L”形，使得它可以和核糖体的P、A位点结合。而在实验室中，科学家还实现了“DNA折纸术”，通过设计核酸的序列来实现对核酸高级结构的调节，这项技术在癌细胞检测等领域展现出了巨大的应用前景。

与在蛋白结构预测上的应用类似，AI同样也可以在核酸的空间结构预测上大显身手。核酸本身具有高度动态、高可塑的结构特性，通过实验进行结构测定往往具有一定困难。不同于拥有大量数据资源的蛋白质结构预测，只有少量的已知RNA三级结构可用于未知RNA结构预测。为此，研究人员开发出多种研究方法。

其中一个思路是不直接从头预测核酸的结构，而是先采用已有的采样方法生成多个RNA结构模型，然后构建一个结构评估器来评估生成的模型，从中选取打分高的模型进行后续优化。借助AI的力量，我们可以不依赖人工经验，让模型直接从结构中学习知识。比如利用三维卷积神经网络，通过将三维空间格点化来对RNA三维结构进行学习，这样可以免去人工提取特征的过程，训练出的模型可以用于评估理论预测的RNA三维结构的合理性。AI方法已被证明具有和传统方法相匹敌的效果，在一些测试集上甚至还能取得优于传统方法的评估能力[16]。

AI也可以直接对RNA的二级结构进行预测，输入RNA序列，通过残差网络（ResNet）、长短期记忆网络（long short-term memory，LSTM）对每个核酸碱基的二级结构标签进行预测。图2-5

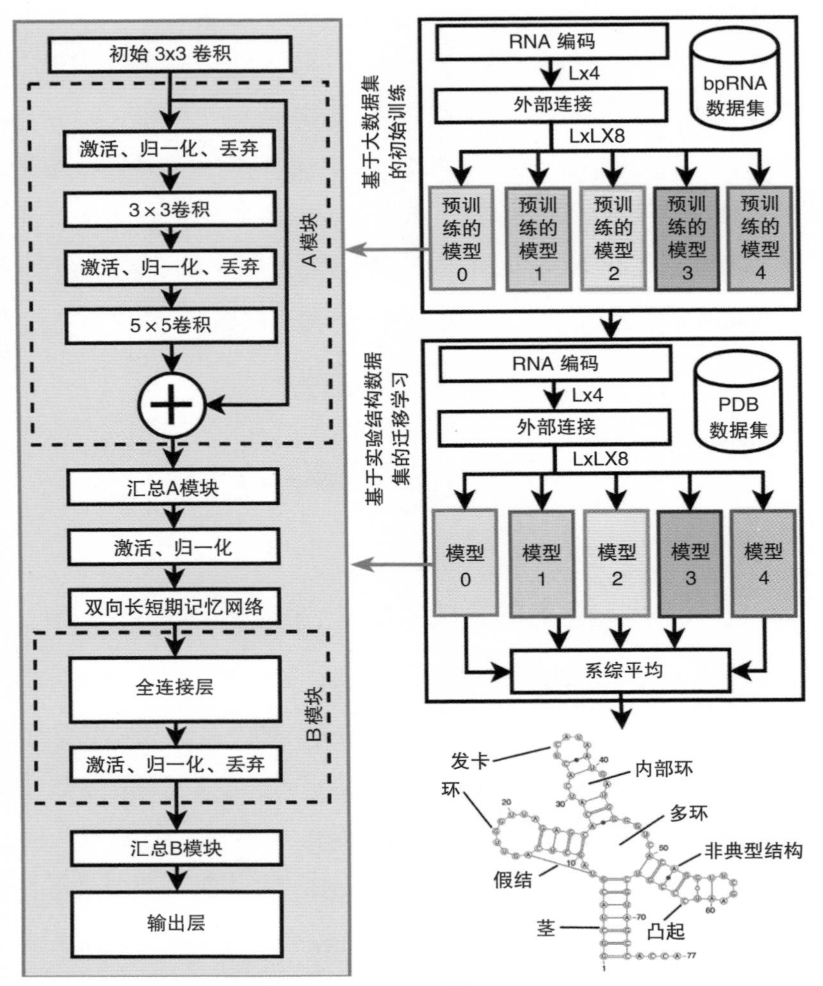

图2-5　AI预测RNA二级结构的SPOT-RNA模型网络结构，以及RNA二级结构示意

是一个AI预测RNA二级结构的神经网络SPOT-RNA模型网络结构，以及RNA二级结构的示意图。SPOT-RNA在大数据集上采用ResNets、BLSTM以及不同的全连接层的组合训练了多个深度学习模型，并从中挑选出表现最好的结果，然后迁移到实验数据上对模型进一步优化。

尽管AI在核酸结构预测领域中已经取得了一些成功，但仍然存在许多挑战。该领域未来的发展包括如下几个方面：（1）发展更加准确的模型，提升预测的精度；（2）对大规模的核酸序列数据进行处理，进一步挖掘数据蕴含的信息；（3）发展处理不确定性问题和噪声问题的机器学习算法；（4）与分子动力学模拟等方法有机结合，为结构预测提供动态信息。

三、AI让合成生物学快马加鞭

（一）大有可为的合成生物学

合成生物学发端于20世纪90年代人类基因组计划的启动与系统生物学的兴起，是以人工手段制造生物系统，与传统生物学通过解剖生命体以研究其内在构造的办法不同，它是从最基本的要素开始一步步构建零部件，甚至有可能利用一些基本要素从头创建全新的生命体。这些合成生物学产品的产生，离不开多项合成生物学相关领域的进步，如代谢工程、定向进化、基因线路设计以及基因组编辑等。合成生物学突破了生物自然进化的局限，能够定向生产出抗生素、维生素，甚至自然界不存在的新化合物，因此近年来其在生物医疗技术和药物的研发、蛋白质及其他化合物的生产领域展现出巨大的发展潜力。

理论上，由合成生物学带来的“细胞工厂”有可能产生任何药物，但当前合成生物的工程化试错成本高昂，且随着设计药物的组成和复杂性的增加，这个过程变得难以管理。因此，可以使用AI提前进行模拟和预测，利用先进的分析方法来挖掘复杂的数据类型，将产品开发过程从“实验化”转变为“工程化”，以提高试错效率、降低试错成本。近些年来，AI与合成生物学交叉研究取得了一些代表性的进展[17]，解决了合成生物学在某些领域上的技术难题（图2–6）。

AI在数据挖掘、特征表征等方面的巨大优势使其在生物合成学的研究中表现出独特优势。为了获取需要的产物，需要先设计程式，AI可以准确预测生物工程的过程产物，还可以实现有效的逆向设计。蒙特卡洛树搜索强化学习方法是一种常见的基于AI的探索/规划目标分子合成路径的方法，在这种方法中，以目标产物作为根节点，建立一个搜索树并随机探索搜索空间，使搜索偏向于组合空间中最有希望的区域。通过这一方法，能够寻找出合成指定产物的合成路径与所需底物，例如中康酸（一种重要的生物医药中间体）的生物反合成路径（图2–7）。为指导生物合成学开发的AI程序有别于普通的逆合成算法，它对底物和反应模板有着额外限制，即必须能够在生物体中进行。此外，AI还可以辅助开发合成生物学中的程序设计。

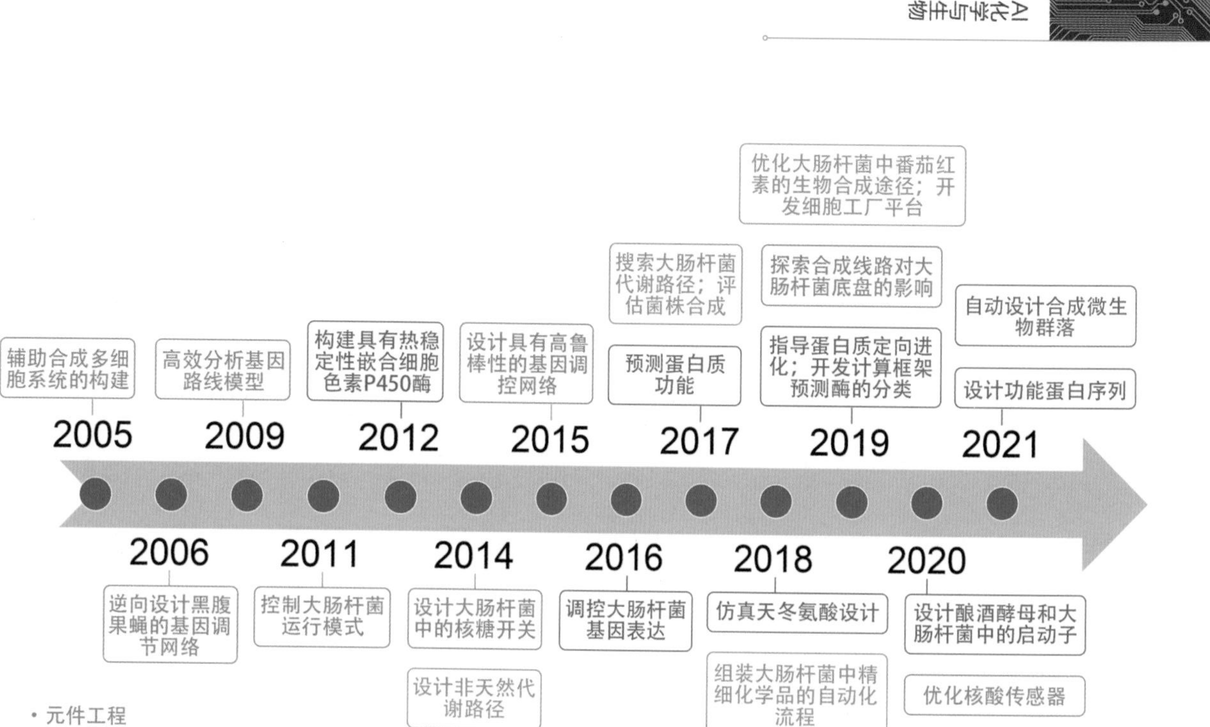

图2-6 近年来AI应用于合成生物学的代表性进展

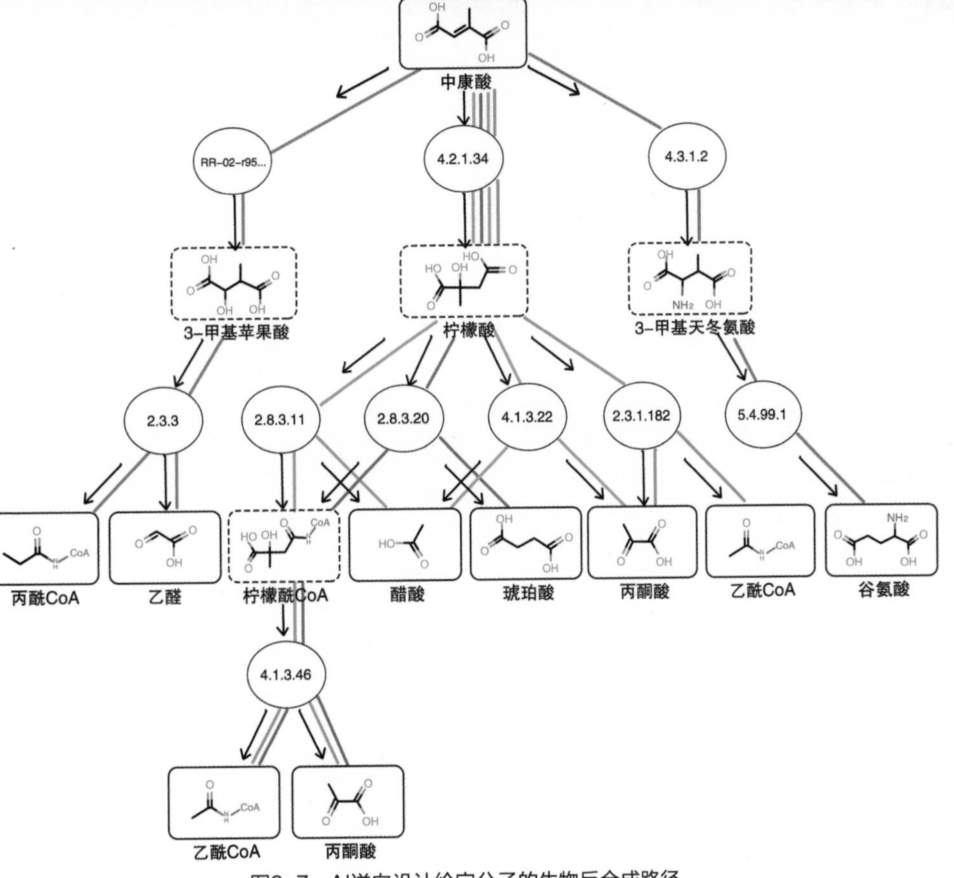

图2-7 AI逆向设计给定分子的生物反合成路径

（二）当AI遇上基因调控

要想通过合成生物学实现人造生命这一目标，首要步骤是调整现有的细胞调控网络，或利用现有的生物功能模块构建新的调控网络来实现新功能，如敲除竞争途径和引入外源途径来提高所需产品的产量，以此来实现微生物细胞工厂的最佳设计。生物系统非常复杂，需要多种具有不同性质的分子通过相互间的非线性作用来维持正常的生物功能。传统方法使用计算机模拟来开展这一工作，计算消耗时间是随着系统复杂度呈指数级别上升的，这使得整个过程相对费时费力，而应用AI可以更高精确度、更高速度和高鲁棒性地预测细胞表型。比如通过将深度神经网络（deep neural network，DNN）方法与差分搜索算法（differenitial search algorithm，DSA）相结合，利用DSA全局搜索的优势来弥补DNN容易陷入局部优化的问题，来预测哪些基因敲除条件最适合应用于大肠杆菌的代谢途径，以提高木糖醇的产量。

在大规模的生物智能设计中，生物元件（例如启动子、蛋白编码基因等）就像“搭积木”一样，被用于组装成具有特定生物学功能的装置和系统。在蛋白表达过程中，启动子是一段能使特定基因进行转录的DNA序列，是RNA聚合酶识别、结合的位点，因此启动子的设计是合成生物学中最重要的科学问题之一。启动子具有广阔的序列空间，但目前发现的天然启动子种类非常有限，因此还有许多潜在序列。通过实验对序列空间进行搜索是不切实际的，因此在2020年研究人员从自动化设计的角度，首次利用AI方法在大肠杆菌中设计了全新基因启动子（图2–8）。

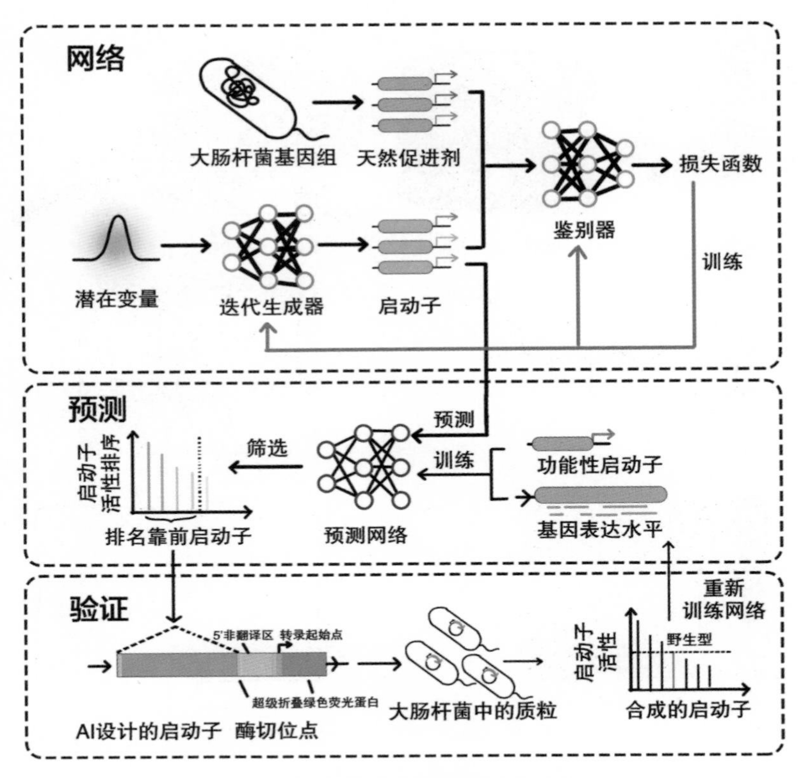

图2-8 基于深度生成模型的大肠杆菌合成启动子设计模型

截至2020年，已出现了多个标志性的合成生物学产品[18]，如图2-9所示。前3个产品是由工程细胞或酶催化产生的化学物质，分别是大豆血红蛋白、二元胺和Januvia（默克公司的糖尿病药，每年有约13.5亿美元的销售额）。后3个产品则是工程细胞本身，分别是工程改造的细菌、经过基因编辑的大豆以及CAR-T免疫治疗（诺华公司提出的治疗白血病方法Kymriah，也是首个获得FDA批准的工程细胞疗法）。

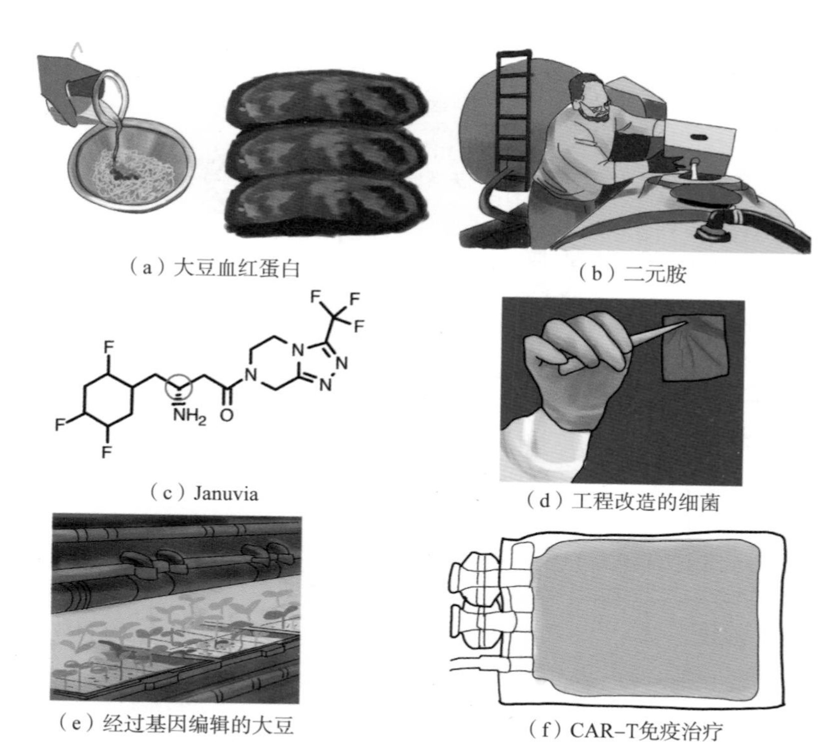

（a）大豆血红蛋白　（b）二元胺

（c）Januvia　（d）工程改造的细菌

（e）经过基因编辑的大豆　（f）CAR–T免疫治疗

图2–9　6个具有代表性的合成生物学产品

2021年中国科学院天津工业生物技术研究所使用合成生物学思路，首次实现从二氧化碳（CO_2）到淀粉的人工全合成，突破自然进化局限，其淀粉人工合成效率是玉米作物的8.5倍。此项工作可以认为是人类脱离自然食物链的一个标志性成果。

（三）AI与合成生物学的未来

随着对基因设计的了解和基因编辑技术的发展，合成生物学已经能对生物体的整个基因组进行工程改造，目前科学家建立了各种生物序列甚至全基因组和表型的数据库。构成人类的基因组有大约30亿个碱基对，其中只有2万个DNA片段被确定为基因，含有对蛋白质氨基酸序列表达的指令，这些蛋白质在我们的细胞中执行许多基本功能。而非编码区，即剩下占基因组98%的碱基对，可以决定基因在不同细胞类型中何时、何地产生或表达。因此可以通过AI，将基因组数据、生物学功能的标签和细胞反应的测量值结合起来，从而为直接探测基因型和表型之间的关系提供新工具，并为了解生物体基因组复杂功能体系提供一种全新的方式。

一方面，尽管目前已经有了一些代表性的AI在合成生物学上的应用，但仅限于特定的数据集和研究问题，AI与合成生物学交叉融合的研究工作仍处于初始阶段，主要挑战是合成生物学研究存在数据来源广、数据形式异构、高质量训练数据不足等问题，这导致很多情况下AI模型难以得到有效训练。

另一方面，目前基于深度学习的AI方法仍然存在模型可解释性差、数据与算力需求大、理论基础薄弱等问题，无法很好满足生物和化学研究所需的高精度定量预测性质和设计优化新实验的要求。近年来，研究小数据样本集的强化学习模型和开发可解释、可通用的下一代AI方法，建立规则和学习的有效融合机制，打破现有深度学习“黑箱算法”的现状，也正成为AI领域的重要发展新趋势。通过数据驱动和持续学习，部署多种基于AI的工程化测试，可以快速合成具有目标功能的合成生物学产品。此外，转录组学数据量每7个月翻一倍，蛋白质组学和代谢组学的高通量工作流程也有了标准化规则。不久的将来，随着更大的数据集的涌现，AI将在合成生物学的未来发挥更大的作用和影响力。

四、AI助力探索生物集群的奥秘

（一）无处不在的生物集群

生物集群与我们息息相关，从我们自身的人类群体，到空中的鸟群、水中的鱼群、陆地的牧群，再到微观的各种微生物群落，它们在地球上从自然到城市，从宏观到微观几乎无处不在。尽管如此，我们对生物集群的了解依然远远不够！和其他相对简单的物理化学结构相比，生物集群从个体角度来看，每个生物个体都有着自己的想法，使得生物集群中每个个体位置都在不断地改变，伴随着这种高随机性运动而来的，是我们几乎没法准确地预测出集群中每个个体会怎么运动；而从群体角度而言，每个生物集群又具有显著的运动规律，例如鸟群在迁徙时会呈现固定的“人”字形，深海鱼群会自发地形成巨大的旋涡，等等。生物集群的这种个体层面复杂混沌，群体层面稳定有序的矛盾统一，被人们称为涌现行为。观察、统计、分析、模拟各种生物种群，可以帮助人类揭示自然世界的奥秘，更能够帮助我们充分了解人类自身的发展与行为。

生物集群在群体层面有序性的背后是个体层面的复杂和不稳定，所以，传统集群行为的研究受到数据采集和分析手段不足的限制，往往只能从个体不同的局部或侧面进行观察，难以构建一个多角度、普适性高的方法。而AI不仅大幅拓展了数据采集的能力，还为数据分析提供了新的思路，并且能高效地实现预测。此外，随着近几年大量采用各种AI算法进行动物集群研究工作的展开，AI将逐渐帮助我们探索生物集群的奥秘。

（二）集群数据的获取并不容易

获取准确、大量的原始数据是科学研究的基本前提，对于研究复杂度高的动物行为更是如此。准确地识别和分析动物个体的运动，从而快速地将大量的个体行为转换为可供分析的轨迹是研究者面临的主要困难之一。在早期的研究中（2015年之前），人们往往是使用MATLAB、C++等编程语言，基于不同动物个体的形态特征，或是利用动物与背景（鱼池、天空等）颜色的差异从而得到不同个体的位置。如有研究人员将20～30条鱼群的体系放置于一个非常干净的鱼池并进行拍摄，随后使用C++基于灰度差异从视频提取个体的轮廓，并结合MATLAB对轮廓进行区分和识别，从而得到每个个体的位置。对于较为大型的体系，研究人员也开发出一些较为通用的图形识别程序，其中最具代表性的是idtracker。但该程序基本的思路还是采用灰度识别方式，提取一张图片中每个个体或者个体群的位置，随后对重叠的个体进行拆分。

由于传统轨迹识别算法大多是采用灰度或是轮廓对动物进行识别，导致其在方法迁移性和普适性上较差。然而，机器学习在图形识别中有非常广泛的应用。卷积神经网络是一种深度神经网络方法，通过不断地对图形层的提炼和压缩，可以高效提取图形层中的信息，对于从原始图形到轮廓构建非常实用。而深度神经网络可以根据多个参数提取个体特征，从而对不同位置得到的轮

廓及其他参数进行打分，有效区分出不同个体并排除识别误差。

利用AI分析动物轨迹一般按照如下的流程进行：先从原始视频中选出若干帧，使用者在这些图片中标记出所需要区分的个体，AI依据标记的个体进行训练，提取到每一个个体的样貌信息，并最后应用到所有视频片段，得到连续运动轨迹。这样的流程并不需要针对某些特定体系设计轮廓或者灰度信息，因此普适性很强，这也使大部分AI分析算法在设计时，便会对各种不同的动物群体进行分析来达到其通用性，这是传统算法难以实现的。同时，神经网络具有非常强大的学习能力，通过调整图形识别训练中的参数，可以在采用不同捕捉系统下，对整个个体或者局部个体进行单独识别，甚至是对每个个体的局部特征进行单独识别，且往往能得到较高的准确率。这也是为何自AI动物轨迹算法诞生以来，能快速地取代传统轨迹识别方法的主要原因。

以DeepCut这一软件为例（图2–10），其主要使用卷积神经网络提取动物形貌信息，并采用了自行构建的算法对每个个体的形貌进行拆分和识别，能够有效处理、识别多种不同个体的轨迹[19]。在此基础上人们进一步优化算法，相继诞生了速度更快而准确度更高的DeeperCut和DeepLabCut算法。openpose这一软件与之类似，它对人体模型特征具有更好的识别能力，在人类行为识别中有着广泛的应用。从传统轨迹追踪算法idtracker，结合机器学习算法得到的idtrackerai也是一种常见的使用机器学习识别轨迹的方法，它延续了idtracker不需要用户标记的优势，利用AI实现了自动识别特征并区分不同的个体来进行高效分类，大幅降低了用户的工作量。AI识别轨迹无论效率、准确度还是普适性和噪声兼容性都优于传统方法。

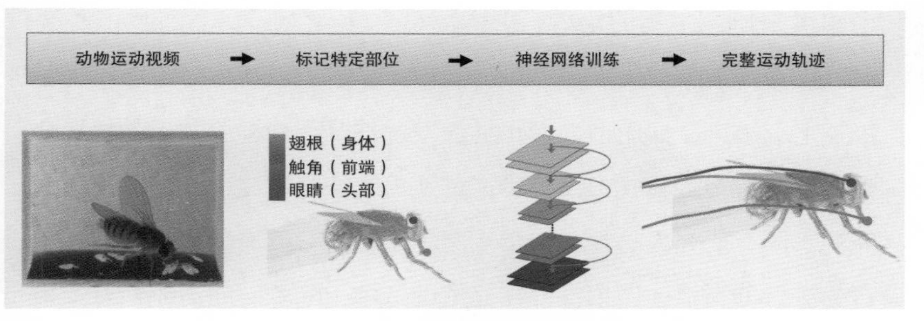

图2-10　DeepCut等图形识别软件的基本流程

AI获取动物运动轨迹的过程包括：先把一段完整的动物运动视频录入程序中，让程序进行分析。接下来，程序会选出一些比较有代表性的图片，研究者们可以在这些图片上标记出自己感兴趣的特征点。标记完成后，这些图片会被放入神经网络中进行训练，让程序学会如何自动地从新的图片中找到这些特征点。最后，对一个视频每一帧图片都识别完成，程序便会输出一段完整的每个特征点运动轨迹数据，供研究者进行深入分析。

在获取大量的原始轨迹和形貌数据后，如何利用好如此大量的数据，对其进行选择、分析和概括并提取有效信息成为又一关键问题。而人工智能算法正是一种能够从大量数据中提取有效信息的优质方法，它伴随着数据获取能力的提升也逐渐得到越来越广泛的应用，成为生物集群研究领域的热门方法之一。

（三）乱中有序的生物集群行为

生物集群如鱼群、鸟群和人群等都是由大量个体组成的集群体系，虽然每个个体都具有自己的意识和行为，但形成群体后却

能形成有规律的运动模式。因此人们往往会尝试从个体和群体两个角度来研究生物的集群行为。

枯草芽孢杆菌是一种常见的安全有益微生物，在食物和饲料添加剂上被广泛使用。人们很早就发现枯草芽孢杆菌的运动似乎会形成某些特定的模式，但很难定量地去表征与定义这些特定模式之间的不同。研究人员在2019年使用非监督学习将演化枯草芽孢杆菌行为进行分类，他们拍摄了在养殖设备中，随着时间演化枯草芽孢杆菌产生的各种分布数据，并从每一片段中采用了大量指标，如密度、聚类大小等。随后使用非监督学习进行训练，得到了神经网络基于这些参数所给出的5种运动模式。如图2-11所示，神经网络得到的结果很清楚地表明枯草芽孢杆菌的各种运动模式之间存在显著的差距。相关研究对理解与调控细菌种群状态提供了帮助。

微生物聚集体是一种典型的生物集群，其个体相互作用的形式是什么，又是怎样聚集在一起的？机器学习为研究这种问题提供了一种新的解决思路。研究人员统计了微生物个体间数种相互作用模式，使用随机森林对这些相互作用模式进行分析，最终发现微生物的不同特征，构建了微生物种群的边界，并由此提出了一种新的相互作用模型机制。此外，采用随机森林方法研究作物产量与土壤中微生物的关系，分析出作物所需的微生物种类，可实现通过调控微生物种群组成来提高作物产量。

在较为复杂的生物集群中，每个个体往往具有自己的性格特点，这会让他们在集群遇到不同刺激时产生不同的反应。例如研究人员对总是会试图降低成为被袭击概率的个体（称为“自私个体”）如何在一个集群中运动产生兴趣，为此研究人员使用了一

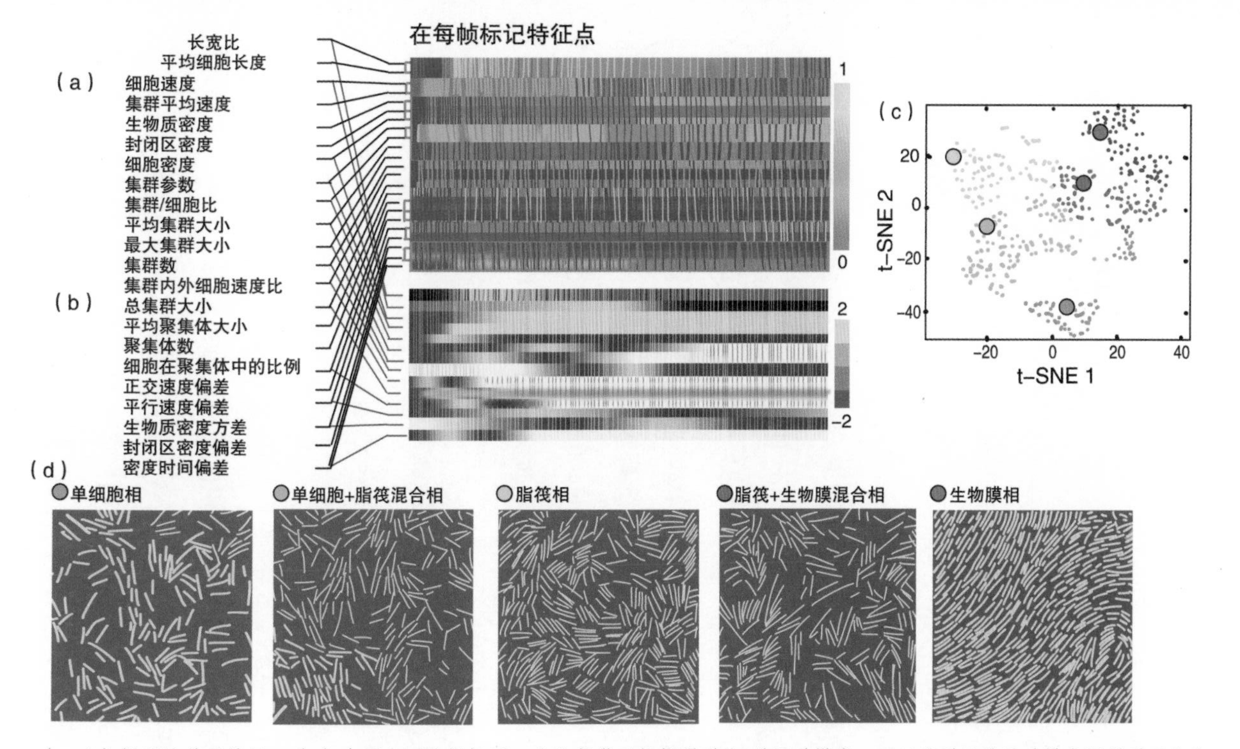

（a、b）提取的若干特征；（c）在两个网络指标下，非监督学习根据得到的5种运动模式，可以看到几种运动模式间得到了较为明显的区分；（d）不同运动模式的显微图像。

图2-11 使用非监督学习分析枯草芽孢杆菌的运动模式

个回声状态网络（echo state network，ESN）来分析鱼群群体，并发现，自私个体的鱼在鱼群正常运动时，和其他个体没有显著差别；一旦集群出现快速运动，如遇到捕食者时，自私个体会加速进入到集群中以求自保，而且在各种鱼群运动模式下，自私个体总是能更好地躲在鱼群的中间。研究人员还探究了鱼的认知与其日龄之间的关系，研究结果表明，随着鱼日龄的增加，其随群体运动的趋势也在明显增强。

动物集群形态随着时间演变会如何发生变化是研究的热门问题之一。但大部分传统研究往往缺乏对于时间信息的分析，相当一部分的原因是时间序列数据获取方式和分析手段的不足，包含难以获取连锁的时间序列数据，也难以对连锁的时间序列数据进行分析。而AI图形识别系统有效解决了这一问题，近年来发展的循环神经网络（recurrent neural network，RNN）和长短期记忆神经网络等含时神经网络则帮助人们高效地对时间序列数据进行统计、分析和预测。

人工智能对时间信息的高速处理得到了广泛的应用，例如在对动物迁徙行为的研究中（图2-12），有研究人员尝试构建了一种通用模型来研究同类但不同特征的动物迁徙行为的差异，如同一集群中雌雄或不同年龄的个体。人们将注意力网络插入到LSTM中，从而实时追踪和比较两段分析轨迹的差距。注意力网络能够高效识别两个不同轨迹最为明显的差异，并追踪定位产生差异的原因。通过将两个网络相结合，研究人员成功实现定位导致不同特征动物迁徙轨迹变化的原因。

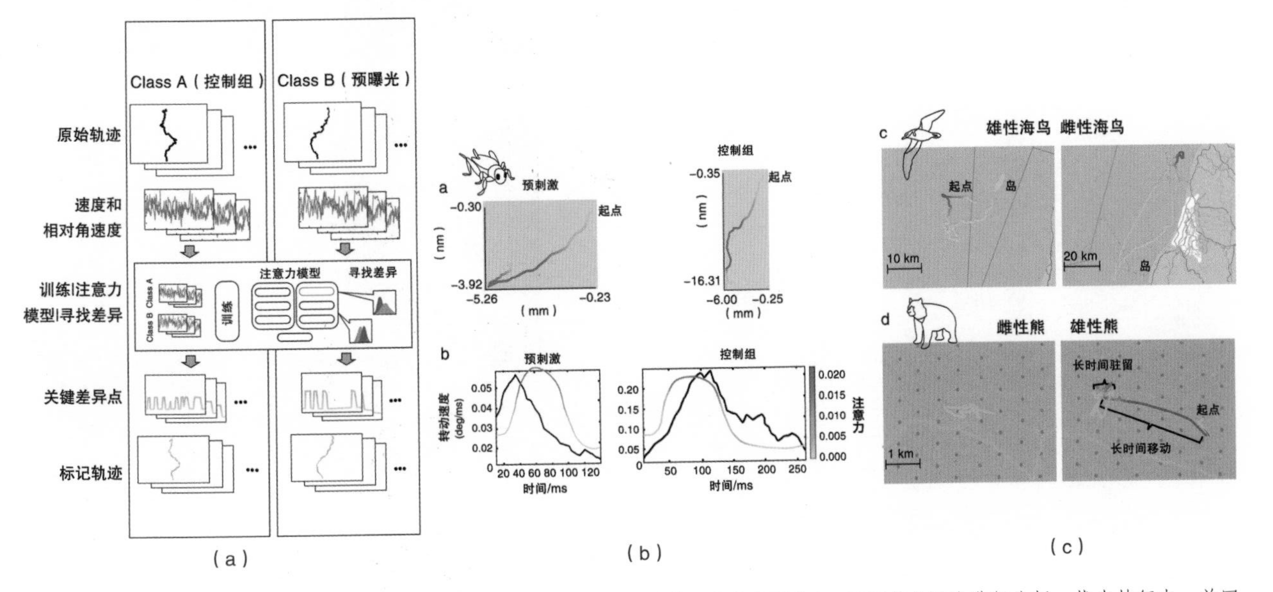

（a）构建的复合网络模型，包含轨迹识别，速度和相对角速度计算，注意力网络与LSTM复合网络进行分析，找出特征点，并回到轨迹定位产生差异的原因；（b）对昆虫行为进行分析，得到了受到刺激和正常情况下昆虫的运动模式，发现其在转向速度和速度同步上具有明显差异；（c）对雌雄鸟群和熊群群落迁徙路径进行了分析，发现不同性别的群落在运动轨迹上的差异，并成功定位区分点。

图2-12 人工智能在动物迁徙行为研究中的应用

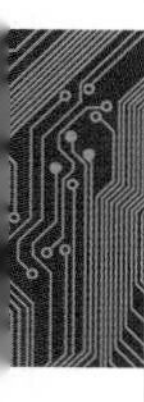

（四）从认识到预测生物集群

在得到动物集群的运动方式后，人们自然而然地会想到，我们能否对动物行为进行模拟和预测，甚至构建一套人工的生物种群呢？有研究人员基于真实鱼群的运动模式，构造了一种人工仿真鱼，其身体具有高灵活性，可以如真实鱼一样通过摇摆身体进行前进和转弯，具体的运动方法则是其采用了自定义的一套复合神经网络，包含使用CNN来进行图形识别身体位点，并将特定位点放入LSTM中进行轨迹预测和判断，最终决定鱼的具体运动方式如图2-13及图2-14。

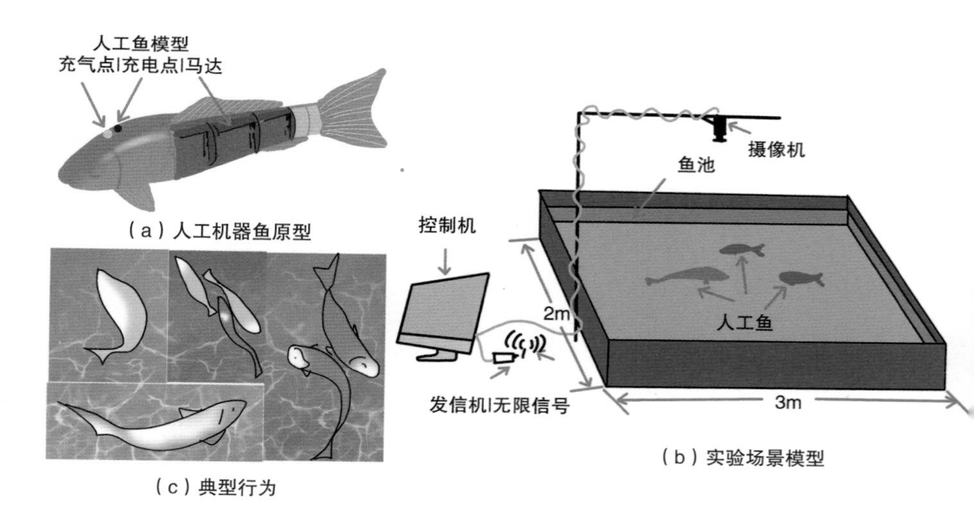

图2-13 通过人工鱼模拟鱼的基本运动模式构筑真实鱼群

分析运动过程中个体的内部特征对理解个体很有帮助，而分析每个个体在群体空间中如何运动则能帮助我们理解群体间每个

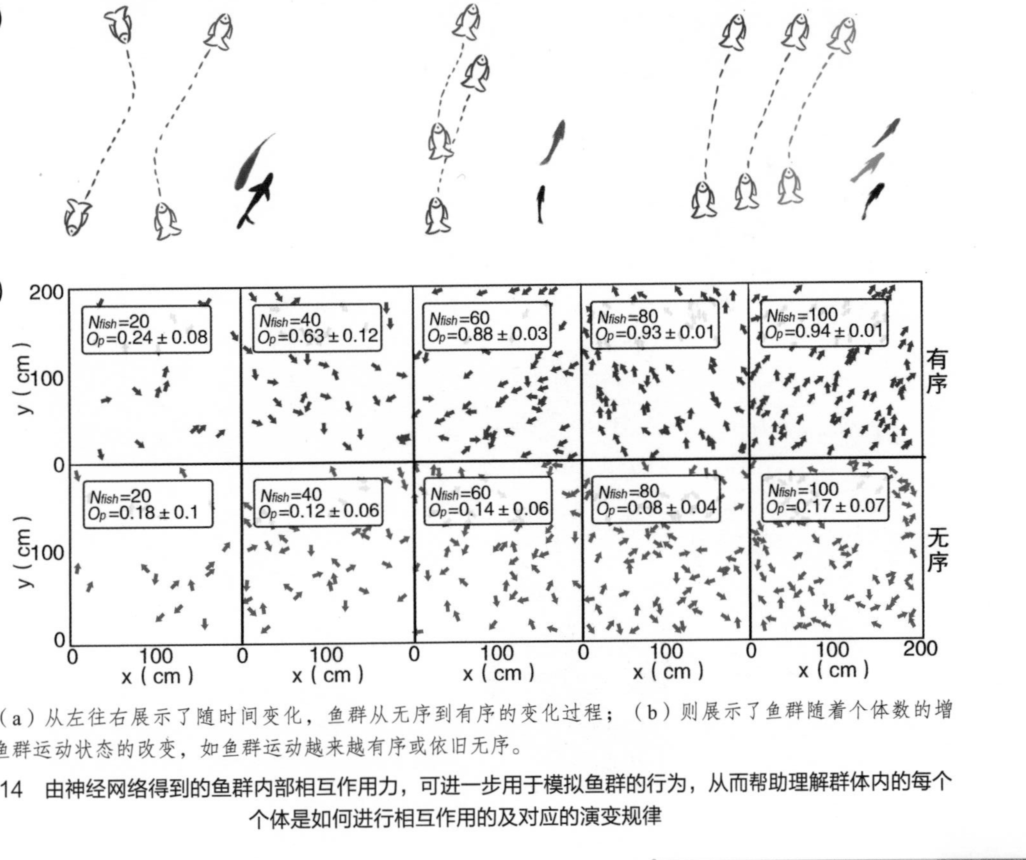

（a）从左往右展示了随时间变化，鱼群从无序到有序的变化过程；（b）则展示了鱼群随着个体数的增加，鱼群运动状态的改变，如鱼群运动越来越有序或依旧无序。

图2-14　由神经网络得到的鱼群内部相互作用力，可进一步用于模拟鱼群的行为，从而帮助理解群体内的每个个体是如何进行相互作用的及对应的演变规律

个体是如何进行相互作用的及对应的演变规律。对人类行为的分析和预测与人类息息相关，一直是整个生物集群领域研究讨论最激烈的话题（图2-15）。

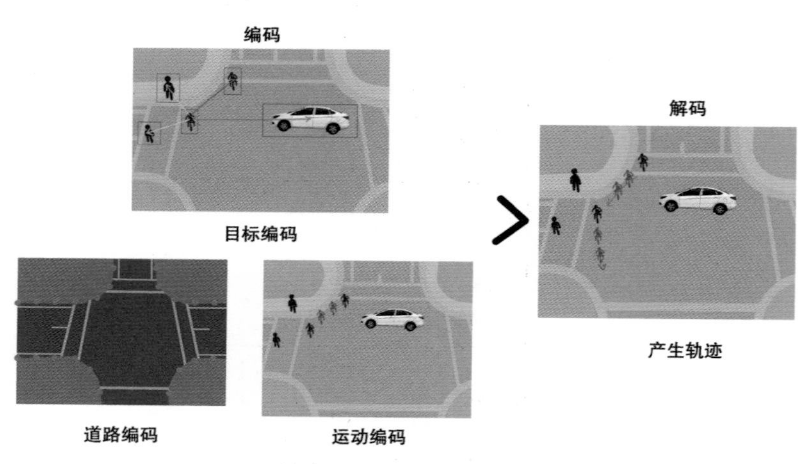

图2-15　人类聚集行为运动模式场景

上述问题与我们日常生活中的一些场景极其类似。例如，分析和处理行人与自行车在复杂街区环境下的同向及避让等行为，有助于提高道路通行和紧急避让等规划的有效度。有研究人员分析了各种复杂路面环境下人类的运动轨迹，将生成对抗网络（generative adversarial network，GAN）和LSTM相结合，对人群的并排前行、相向而行及避让等经典行为进行了模拟预测。还有研究人员考察了骑手在复杂交通环境下的行驶路线，将路面条件作为基点，研究骑手与其他行人、周围汽车及其他骑手间的交互关系，先通过注意力网络得到每帧下骑手重点关注的区域，使用LSTM对结果进行分析，能够较为准确地预测骑手的运动轨迹，识别误差远小于传统方法。这些研究在道路安全，市政规划领域都有着广泛的应用前景。

生物集群作为自然界中最复杂的体系之一，其本质上却富含规律性且具有可预测性。传统研究方法由于数据获取能力与分析预测能力的不足，难以从纷乱繁杂的集群现象和数据中全面地把握生物集群的各种特征。而随着大数据处理人工智能的诞生和发展，我们可以从更大的空间尺度和更长的时间尺度来对生物集群的数据获取、数据分析、信息提取乃至行为预测等相关领域开展更深入的研究。越来越多的研究正在尝试将人工智能方法应用到不同尺度、不同对象、不同特性的生物集群问题中。相关成果对于人类认识生物集群、认识自身均具有重要意义，对于无人驾驶、无人机集群等多领域的发展也具有参考价值。

五、AI生物学“未来已来”

AI的引入为生命科学的研究带来了巨大变革，甚至说是引入了新范式也不为过。与此同时，人工智能和生物研究领域正变得更加相互交织，提取和应用储存在活体生物中的信息的方法正在不断完善，在不久的将来可能极大地改善人类的生活质量。上文仅对AI在生物大分子（图2-16）、合成生物学（图2-17）、生物集群等方面的应用做了简要介绍。除此之外，AI在基因预测、功能注释、系统生物学等其他生物数据方面也有广泛的应用。

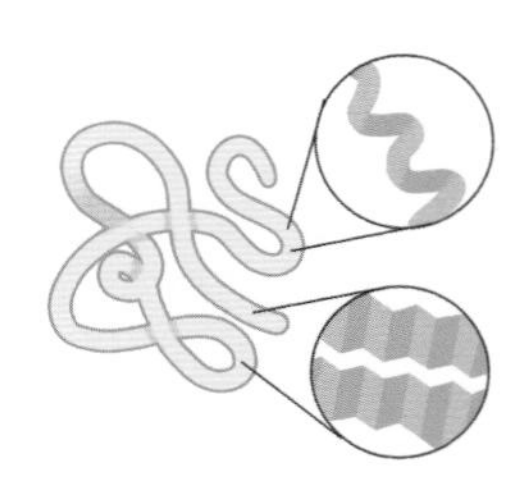

（a）蛋白质结构预测

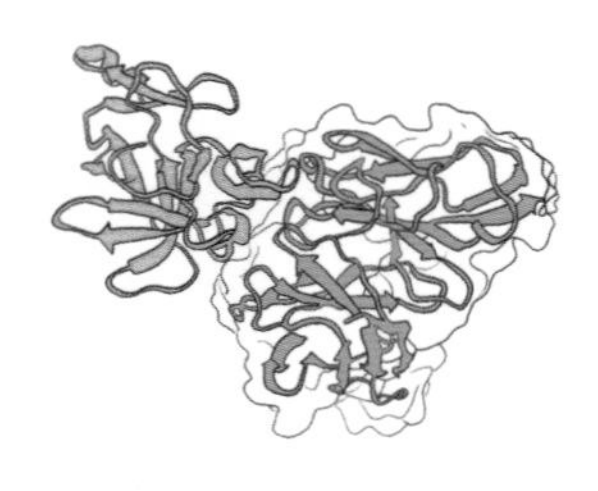

（b）蛋白质-蛋白质相互作用

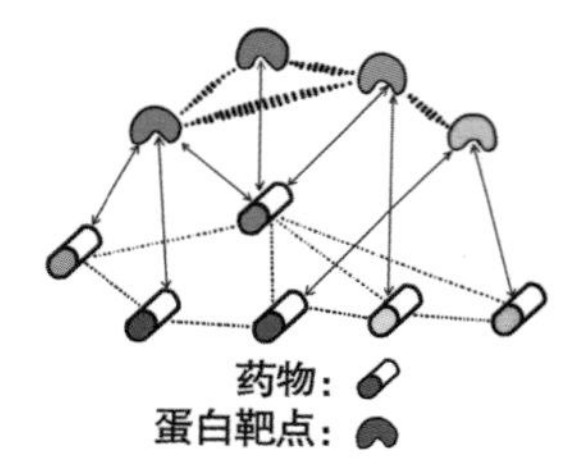

（c）药物靶点研发

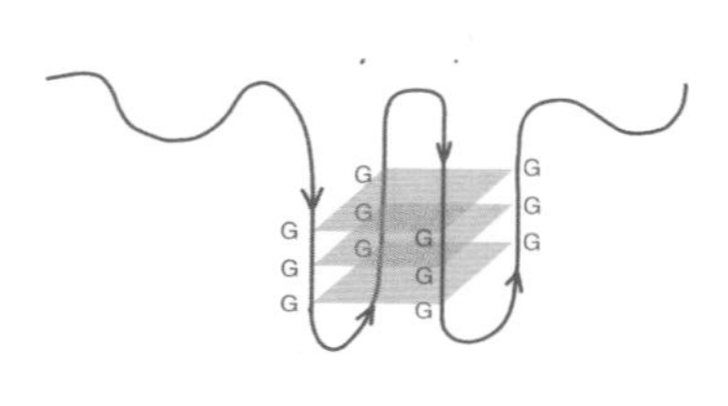

（d）核酸结构预测

图2-16　AI方法在生物大分子领域的研究

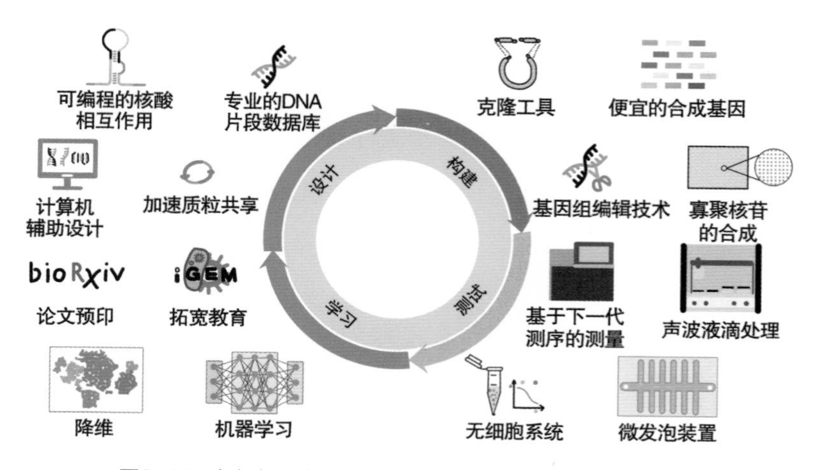

图2-17　包括机器学习在内的新技术促进合成生物学的发展

我们从数据量、人工智能算法等角度，比较了对不同生物序列进行智能设计面临着的优势与挑战（表2-1）。

表2-1 对药物小分子、蛋白质和核酸序列进行智能设计的优势与挑战

生物序列	数量级	人工智能算法	优势	挑战
药物小分子	1.8×10^6	常用RNN、AAE、GAN结合强化学习和迁移学习进行药物序列设计	数据与数据库积累丰富；评估体系较为成熟	合成相对困难，需考虑与筛选易于合成的分子序列
蛋白质	1.0×10^6	常用RNN、GAN、ANN结合蛋白设计的Rosetta软件和迁移学习进行蛋白序列设计	模拟预测软件如Rosetta在领域内标准化程度高；蛋白设计可应用场景广阔	三维空间结构、折叠构象的搜索与预测准确性仍有限
核酸	与具体物种基因组大小以及核酸序列对应的功能相关	利用GAN结合专家知识、预测器等对核酸序列进行设计	核酸序列相对易于合成，设计灵活度高，合成周期较短	特定功能的核酸序列数据集规模小；调控元件等序列在基因组缺乏精确定义

注：AAE（adversarial autoencoder），对抗自编码器；ANN（artifical neural network），人工神经网络。

在药物小分子序列设计领域中，计算评估的指标相对比较完善，但使用设计出的分子进行有机合成仍然是药物开发的限速步骤。在蛋白质设计领域中，由于对其三维折叠的构象等性能的预测仍缺乏准确性，目前探索的范围仍然有限。结合物理化学约束模型，进行蛋白质的智能设计与优化，在未来具有广阔的应用前景。在核酸序列的设计中，尚缺乏系统规范的性能评估体系。

需要指出的是，AI的“黑箱”特性使得其预测的解释性成为一个挑战。例如AI预测蛋白质结构较依赖多序列比对，这就使得

单一的突变往往对预测结果的影响难以得到体现，利用序列的微扰来评估各氨基酸/碱基的突变效应是一个可行的思路。此外，未来依旧有许多未知领域等待探索，例如，如何借助AI理解蛋白质构象变化的动力学过程。

AI应用于生物合成学以及生物集群等领域的研究方兴未艾，未来相关学科与AI的结合必然具有巨大的潜力（图2–18）。AI的应用依赖于大数据，生物合成学与生物集群领域的数据并不如蛋白质等体系丰富：一方面是由于学科交叉性较强，数据分散在各类文献中，缺乏相对统一的数据；另一方面很多数据由于被专利保护或是商业机密，并没有公开。因此，AI的进一步运用还有待于建立更完备和规范的数据库。

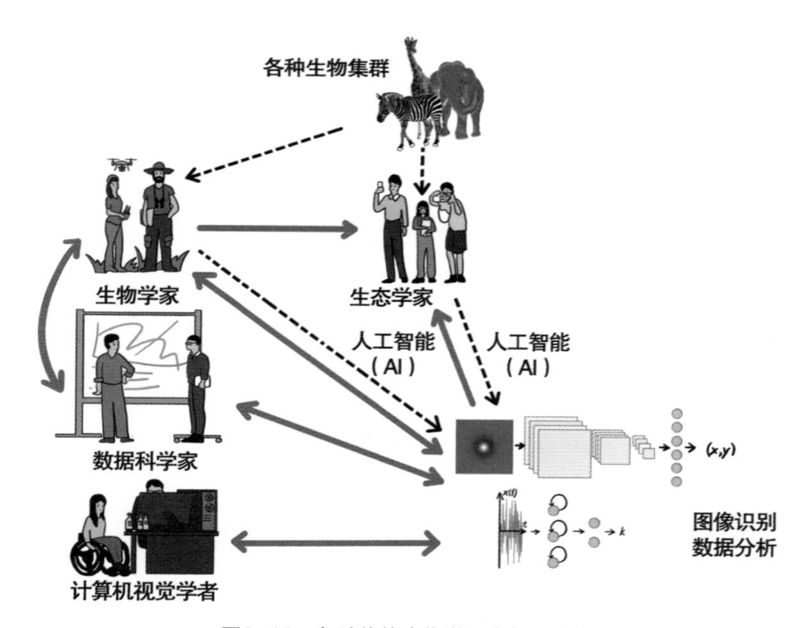

图2–18　各种传统生物学研究与AI结合

随着人工智能领域的成熟和更多优秀算法的出现，其在流行病学、宿主–病原体相互作用研究和药物设计中的应用潜力也在扩大。人工智能现在正被应用于药物发现、定制医学、基因编辑、放射摄影、图像处理、药物管理以及生态环境等多个领域。在医学领域，得益于人工智能技术的应用，更精确的诊断和低成本高效益的治疗在不久的将来会成为可能。在农业领域，由于人工智能的应用，农民减少了浪费，提高了产量，并减少了将商品推向市场的时间。此外，通过基于机器学习的智能程序，人们可以修改生物系统的代谢途径，以最小的投入获得尽可能高的产出。相关工作可以改善微生物物种的工业菌株，以最大限度地提高生物基工业装置的产量。

生物数据集的庞大规模与复杂性，使得AI越来越多地用于为生命过程构建信息与预测模型。当下AI已经对生命科学产生了巨大影响，未来也将如此。相信在不久的将来，AI能为我们探索生命奥秘的道路提供更新颖的视角。

第三章

AI与材料科学的“相见恨晚”

自然界中的生物多种多样，而各种生命功能却都是由基本单元——基因决定的。将具有不同生命功能的基因片段进行组合，我们就掌握了改造生命的魔法。而在材料科学中，如果将种类繁多的新物质、新材料类比成丰富多彩的生命世界，那是否存在类似基因的基本功能单元，使得我们也可以拥有精准改造材料的魔法呢？这就是材料基因组计划所期望达到的目标。通过了解材料的结构—性能关系，我们就可以根据需求，组合不同的材料成分和结构，理性设计材料结构。人工智能的兴起，为材料基因组计划带来了前所未有的强劲动力。在本章，我们将带您进入材料基因组计划中人工智能的世界，并为您展现这一“黑科技”在新材料发现中的应用。

一、众望所归的材料基因工程

纵观人类历史，每一次生产、生活方式的变革都与材料的发展息息相关。早在原始社会，史前人类就开始探索材料，并将其广泛运用到生产和生活中。石器时代、青铜时代、铁器时代的先后出现，反映了古代人们对材料的认识不断深入。第一次工业革命钢铁冶炼技术的进步带来蒸汽机和轨道交通的飞速发展；第二次工业革命是合金与复合材料的时代，各种合金与复合材料推动了电器、汽车等支柱工业的前进；在以信息技术为主要特征的第三次工业革命中，半导体、高晶硅、高分子材料迅速发展，成为需求量巨大的新材料。现在我们正经历着以5G、人工智能为代表的新一代信息技术革命和高端制造、新能源产业的快速发展，石墨烯、超导材料、纳米材料、量子材料等新材料逐渐走向台前。新材料围绕功能化、智能化、集成化发展路径，与纳米技术、生物技术、信息技术等新兴产业深度融合，成为推动科技进步的重要手段。

新材料的研制需要经历化学性质改良和物理加工改进等步骤，过程颇为不易。传统的材料研发主要采用依赖研究者经验和直觉的实验试错法，通过反复迭代的试错—纠错来改进材料性能，从而实现新材料的设计与研发。但是频繁的实验试错需要花费大量的经济成本和时间成本，同时也带来了一些本可避免的安全风险和资源浪费。例如，著名的瑞典化学家、发明家阿尔弗雷德·伯纳德·诺贝尔（Alfred Bernhard Nobel）为了研发硝化甘油炸药进行了长期的实验，但在1864年9月3日，诺贝尔家设在斯德哥尔摩郊外海伦堡工厂的实验室发生了硝化甘油大爆炸。整个实验室被炸得无影无踪，参加实验的人当中，有5个人死于非命，其中包括诺贝尔的小弟弟埃米尔。他的父亲在这次爆炸中也负了重伤，但被及时送往医院抢救，保住了性命，诺贝尔当时不在实验室，才幸免于难。而美国发明家查尔斯·固特异（Charles Goodyear）花费了一生的时间来研究橡胶改性，才发明了利用橡胶加硫的全新技术来制造耐高温的优质橡胶。由于开发周期太长，虽然现在他被认为对世界橡胶工业做出了巨大贡献，但固特异在1860年60岁去世时仍贫病交加。

随着新一轮工业革命和互联网、5G时代的到来，新材料的研发速度严重滞后于对材料性能需求的速度，按需逆向设计和精

准控制性能已成为新材料设计的必然趋势。随着人工智能和数据驱动的第四科学范式的发展，材料基因工程（materials genome engineering，MGE）成为当前材料领域公认的颠覆性前沿技术，有望改变传统的“试错法”材料研究模式。材料基因工程致力于发展“理性设计—高效实验—大数据技术”深度融合、协同创新的新型材料研发模式，显著提高新材料的研发效率，大幅降低研发成本，目前已经成为材料领域科技创新的重要推动力。

材料基因工程是受1990年正式启动的人类基因组计划的启发而建立的。在生物学中，基因是一组编码序列信息，支持着生命的基本构造和性能；而在材料领域，基因可被看作决定其宏观性能的微观特征描述符，如图3-1所示。2011年美国发布提升美国全球竞争力的材料基因组计划（materials genome initiative，MGI），确立了面向未来的集成计算、实验和数据库的材料研发新模式。

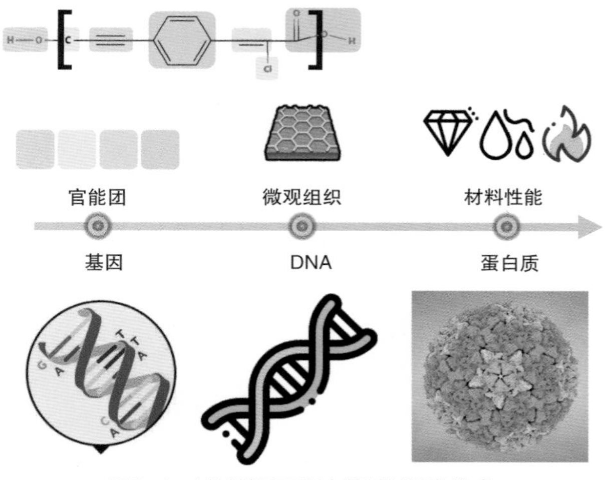

图3-1　材料基因工程变革材料研发模式

相继地，科技发达国家均在这一领域加快布局：2012年，俄罗斯推出《2030年前材料与技术发展战略》；2013年，欧盟提出“新材料发现NOMAD”计划和工业4.0 战略；2015年，中国全面启动“材料基因工程”（图3–2）。

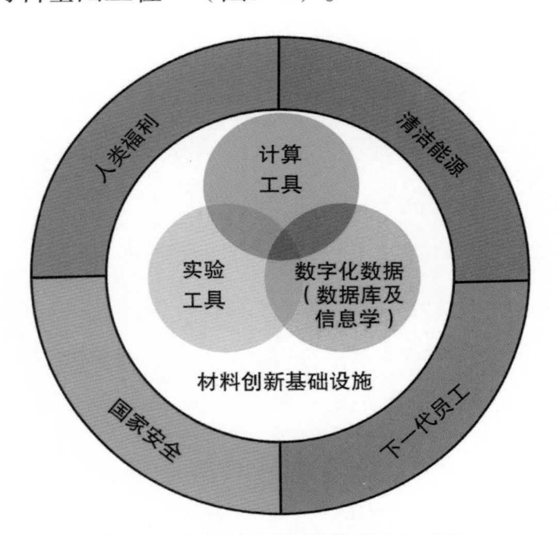

图3–2　材料基因组计划的核心与目标

利用基于数据驱动的科学发展第四范式，材料基因工程将高通量计算、高通量设计、高通量制备、高通量表征、材料数据库和人工智能相结合，探究材料结构（或配方、工艺）与材料性质（性能）变化的关系，并通过调整材料的原子或配方、改变材料的堆积方式或搭配，结合不同的工艺制备，得到具有特定性能的新材料。这一方案避免了大量的盲目尝试，可大大缩短材料研发周期、降低研发成本，从而快速研发出满足日益增长的性能需求的新材料。在上述过程中，人工智能的引入使得材料研发如虎添翼，借助数据共享，对海量候选材料的物理化学性质进行快速预

测、筛选，从而加快新材料的设计与生产。例如，中国南京大学的科研人员利用351种有机太阳能电池作为训练数据库，通过随机森林、梯度提升、支持向量机、人工神经网络等AI算法研究了光敏材料的分子结构和有机太阳能器件效率之间的定量构效关系，并结合高通量计算成功地在10分钟内预测出约200万组候选分子材料的能量转换效率，从中虚拟筛选出100余种有潜在优异性能的有机太阳能染料分子。而同样的筛选工作量如果通过传统实验试错法的话可能需要数十年的时间才能完成。

二、魔幻的团簇与合金材料

合金，是由一种金属元素跟其他金属元素或非金属元素熔合而成的具有金属特性的物质。合金的价值早在几千年前就被人们发现，尤以黄铜和青铜最为突出。合金在我们的生活中扮演着重要的角色，广泛应用于机械制造、航空航天、石油化工等领域。如今随着工业化进程的持续推进，各行各业对合金提出了更多的要求，利用新技术设计并开发具有特定功能的新型合金愈发受到人们的关注。早在数据科学掀起新的人工智能革命浪潮之前，人类就致力于合金的原子尺度建模。计算数据库的出现使分析、预测和筛选成为合金研究的关键主题，而机器学习方法的进步和数据生成技术的提高更是为计算材料学创造了一片沃土。

人工智能之所以能在合金设计中大放异彩，是因为神经网络等机器学习模型的强大学习能力是寻找材料结构和性质间的定量关系的有力工具，其工作流程主要包括目标识别、数据准备、特征工程、模型选取和模型应用，如图3–3所示。

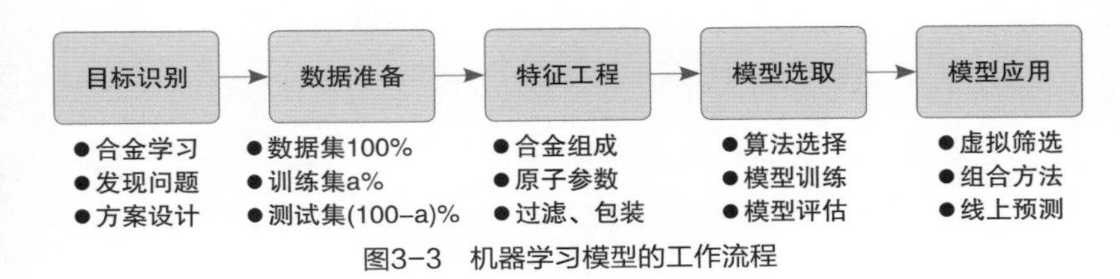

图3–3　机器学习模型的工作流程

第一步是目标识别，在目标属性是“可学的”的前提下机器学习分析才有意义。第二步是数据准备，它对机器学习分析来说是至关重要的一步，因为模型的性能与数据集的质量和数量高度相关。数量的要求通常取决于机器学习算法的选择，譬如深度学习往往需要大规模数据集，而支持向量机则是小规模数据集的优选。第三步是特征工程，旨在通过保留相关特征并去除冗余特征来充分提取材料结构中的有效信息，出色的特征工程可以为稳健的机器学习模型提供坚实的基础。第四步是模型选取，研究者需要评估不同模型在数据集上的表现，然后选择性能最优越的模型，或者利用集成学习方法来达到锦上添花的效果。最后一步是模型应用，主要包括虚拟筛选和从头设计，其中应用最为广泛的方法是高通量筛选：首先，在原始样本空间中设计可能的虚拟样本；其次，利用模型来预测虚拟样本的属性；最后，将选定的样品进行实验合成和表征，以发现具有非凡性能的潜在合金。

机器学习在推动包括金属玻璃、高熵合金、形状记忆合金和催化剂在内的合金设计方面发挥了重要作用。

金属玻璃是典型的无定形合金，它没有结晶顺序的奇特性质使其可以实现意想不到的功能：滑移面的缺少使得它具有很高的屈服强度和耐磨性，缺陷和晶界的缺失导致的离子扩散减缓则显著增强了它的耐腐蚀性，这也使得它成为生物植入物的候选材料。鉴定具有高玻璃形成能力的组合物是一项艰巨的任务，纽约布法罗大学的Rajan教授及其同事使用基于梯度增强树的机器学习模型从相图中提取数据，以寻找对高玻璃形成能力极为重要的深层共晶。他们发现了一个具有高玻璃形成能力的区域并推测具有高玻璃形成能力的合金系统包括Ag–Yb，Mg–Eu，Be–Fe，Ag–Te和Ag–Sm，其中组成范围介于$Ag_{0.206}Yb_{0.794}$与$Ag_{0.326}Yb_{0.674}$之间的合金系统尤其有希望。[20]

高熵合金通常具有至少4种主要元素并且可以形成单相固溶体，这种特殊的元素组成赋予了它独特的特性，可应用于很多场景。例如，高熵合金在低温下表现出更高的抗断裂性，并且可以设计有序析出物的形成以优化其强度、硬度和延展性等机械性能。但该材料的复杂性既给研究人员带来了挑战，也为机器学习的应用提供了契机。来自北京材料基因组工程先进创新中心的科学家制定了一种高熵合金设计策略，他们将机器学习模型与实验设计算法相结合以在Al–Co–Cr–Cu–Fe–Ni系统中搜索具有大硬度的高熵合金，如图3–4。他们仅通过7个实验就制造了几种硬度比原始训练数据集中的最大值提升了10%的合金，其中硬度最高的组成是 $Al_{47}Co_{20}Cr_{15}Cu_{5}Fe_{5}Ni_{5}$，维氏硬度达到了8.66 GPa。[21]

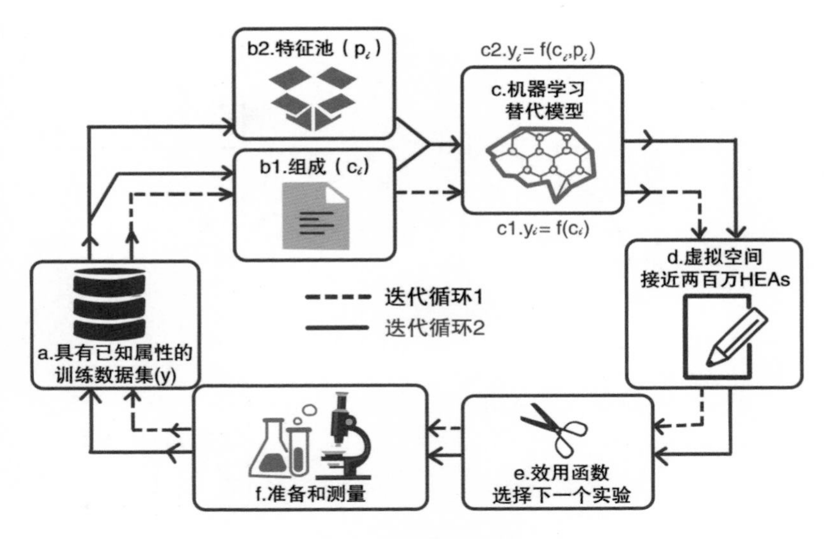

图3–4 机器学习在高熵合金设计中的应用

形状记忆合金是通过热弹性与马氏体相变及其逆变从而具有形状记忆效应的由两种以上金属元素所构成的材料，相关重要属性包括转变温度、形状记忆恢复率、超弹性和由于加热和冷却转变温度的差异而导致的滞后性，在航空航天、冶金制造、生物医学等领域都有重要应用。然而，由于涉及多种元素的组成与比例的多参数复杂调控，新型形状记忆合金的开发也极具挑战性。如图3–5所示。2016年《自然通讯》上刊发了一篇使用机器学习模型和自适应设计策略用于研究和优化$Ni_{50-x-y-z}Ti_{50}Cu_xFe_yPd_z$合金系统中形状记忆行为的文章。研究者将高斯过程模型和支持向量机用于拟合通过合成和表征22种组成获得的数据，最终他们从约800 000个合金组成的潜在空间中找到了热滞后仅为1.84 K的新合金$Ti_{50.0}Ni_{46.7}Cu_{0.8}Fe_{2.3}Pd_{0.2}$。[22]

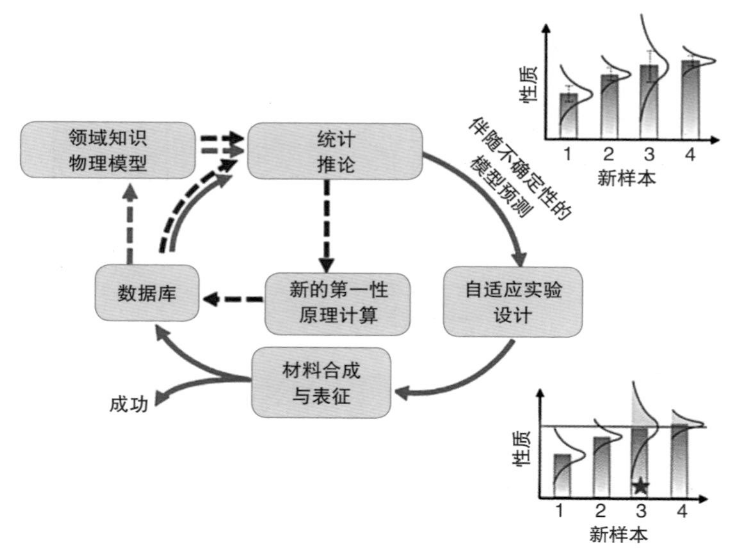

图3-5　机器学习在形状记忆合金设计中的应用

机器学习是计算材料学研究的革命性工具，在计算数据库和高通量表征的加持下，已然在合金设计领域遍地开花。我们相信机器学习和合金研究这对黄金搭档也会继续其势不可挡的劲头，克服一次又一次的挑战。

三、AI构筑多孔材料万花筒

多孔材料具有各式各样的孔洞和奇妙的框架结构，就像孩子们手中的积木一样，可以拆拼组合成不同功能的材料。其中，金属有机骨架（metal-organic framework，MOF）材料是由无机构筑单元和有机配体通过“脚手架”——配位键，相互连接而形成的网状周期性晶态多孔材料。它们具有超高的比表面、丰富多样的结构以及可设计和调控的孔表面与孔径等独特优点。目前，这类材料已经发展成为一类在气体吸附和分离、磁性、光学以及催化等方面均具有广泛潜在应用前景的新型多孔固体材料（图3–6）。

由于无机构筑单元和有机配体的种类众多，因此，它们之间的组合方式也将不可计数。目前，剑桥晶体结构数据库（Cambridge structural database，CSD）收录的MOF材料已经超出10万种，并且由计算机构建的假想MOF材料的数目也已达数10万种。那么，如何实现从大量MOF材料中高效地筛选出性能最

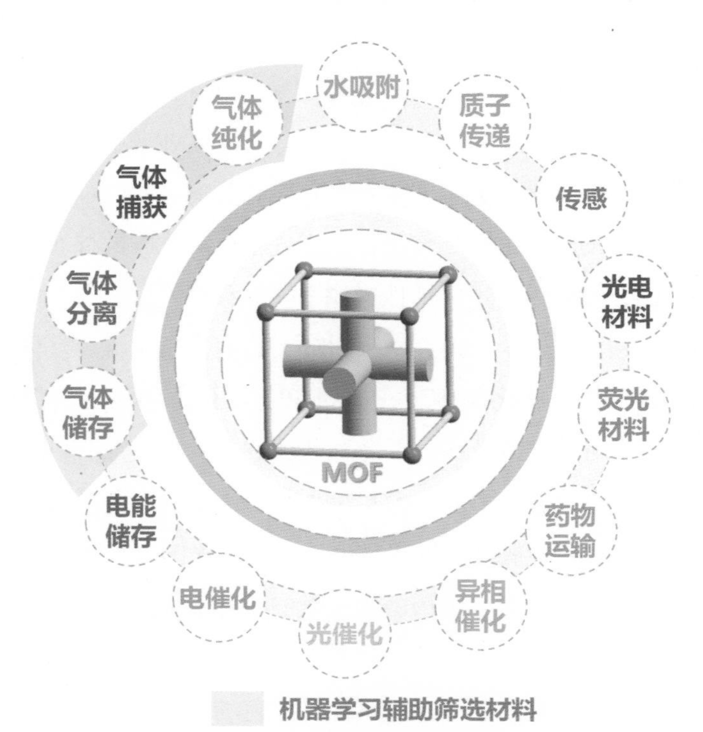

图3–6　金属有机骨架材料的潜在应用及机器学习在该领域中的主要应用

佳的候选者成为科学家迫切需要解决的问题。

机器学习可通过计算机对MOF材料数据库中的训练数据集进行学习，并自动分析结构与性质之间的定量关系。经过数据库中验证数据集的合理验证后，可对其他待研究MOF材料的相应性质进行高通量预测。其研究与分析的时间可被缩短几个数量级，可极大地促进高通量计算辅助设计合成新型高性能MOF材料的发展。[23-25]

在车载运输业，甲烷或氢气的储存需满足美国能源部（Department of Energy，DOE）为其制定的相应吸附储存指标。机器学习可以辅助高通量筛选加速性能优异的高压甲烷或氢气储存MOF材料的发现。通过孔径、孔隙率、骨架密度与体积和重量比表面积等不同特征描述符的使用，可以预测MOF材料的高压甲烷吸附量。在其他工业生产中，还存在着分离一些物理性质相近的混合气体的重要过程，例如：烟道气中二氧化碳的捕获，烯烃和烷烃的分离，以及不同惰性气体之间的分离等。因此，人们通过训练不同的机器学习模型，预测MOF材料对特定混合气体的分离性能，例如二氧化碳/氮气、氙/氪和乙烷/乙烯的选择性等。其中，在烟道气中二氧化碳捕获方面的研究最具代表性。科学家已经分别利用多种不同机器学习方法尝试对MOF材料的低压二氧化碳吸附量、二氧化碳吸附工作能力与二氧化碳/氮气的选择性等指标进行预测。2021年，美国哈佛大学的研究人员开发了一套多组件超分子变分自编码器（SmVAE），构建了一个自动化的多孔材料发现平台，成功自主生成了可与已报道的最佳烟道气中二氧化碳捕获材料相媲美的MOF材料[26]。值得一提的是，具有良好泛化能力的机器学习模型一方面可以用来预测MOF材料对多种气体分子在不同条件下的吸附；另一方面也可以举一反三，实现在不同多孔材料之间的迁移预测。

MOF材料的稳定性也是筛选高性能材料的重要指标之一。目前，利用机器学习预测MOF材料稳定性的研究包括了对它们的热稳定性、水稳定性以及机械稳定性的相关预测。由于无机材料与MOF材料存在一些共性，人们先基于无机材料数据库对目标机器学习模型进行了训练，然后通过迁移学习方法，实现了对MOF材料的金属丰度和导电性的预测。

尽管机器学习在MOF材料领域的应用已经取得了不少研究成果，但从长远来看，机器学习在这一领域的应用研究尚处于起步阶段，仍有许多新方法和新技术亟待科研人员去开发。譬如：开发集成高通量识别无机构筑单元和有机配体、高通量建模结构与高通量预测材料性能于一体的程序；开发更多可以用于不同场景的描述符，增强机器学习模型的性能；开发更多的机器学习模型融入MOF材料领域的研究中，增强学习结果的预测能力。在MOF材料的设计合成方面，生成模型将发挥更加直接和重要的作用。此外，为了判断大量假想MOF结构是否可合成，需要构建一个同时包含失败和成功合成尝试的实验数据库，这将非常有利于新的目标MOF数据库的合成反应条件的准确预测。

与人工合成的MOF材料不同的是，沸石分子筛是一种在自然界中常见的天然材料。当加热某些天然矿物的时候，人们发现会有类似水沸腾的情况，因此得名沸石分子筛。这种材料通常是由硅或者铝原子与氧原子构成最基本的四面体单元，按照硅

（铝）与氧原子交替的规则搭建出不同的笼或者孔道结构。这类似于积木游戏，虽然基础的木块是一样的，但是不同的组合与连接方式构成了浩如烟海的多孔分子筛结构。

自从1948年，科学家们第一次人工合成出丝光沸石以来，沸石分子筛材料逐步在吸附分离、石油化工以及医疗健康等与人们生产、生活息息相关的领域发挥出重要的作用。然而70多年过去了，目前也仅有10多种沸石分子筛结构在工业中得到了大规模的应用，因此设计并合成出新型的沸石分子筛材料对满足工业生产需求有着重要的意义。对于沸石分子筛材料而言，影响其合成的因素较多，并且其结构与性能之间的关系也尚不明确，单凭人类的智慧去探索如此复杂的关系，将会耗费巨大的人力物力。然而，人工智能的发展将会给沸石分子筛材料的合成与应用等方面注入新的活力，焕发出新的光彩（图3-7）。

图3-7　人工智能在分子筛材料领域的应用[27]

俗话说“巧妇难为无米之炊”，在大数据时代，数据犹如砖块一般，是人工智能这栋大厦的基石。数据库的建立可以系统性地存储大量实验与计算的数据，为科学家们提供了一个数据共享、检索与筛选的平台，同时为将人工智能应用于探索新型沸石分子筛材料奠定了基础。对于分子筛材料而言，相关的数据库包括了结构数据库、合成数据库以及性质数据库等。其中，国际分子筛协会数据库里收集了科学家们迄今为止已通过实验合成的并且得到认证的250多种分子筛的相关结构数据。人们可以通过登录数据库，搜索获得每一种沸石分子筛的孔道和拓扑等结构信息。吉林大学的于吉红教授课题组利用在分子筛晶体结构中引入生物基因编码的思想，通过六元环堆叠的结构特点，开发了沸石分子筛的假想结构数据库（图3-8）[28]。有了数据的支持，机器学习作为一种数据驱动的研究方法，可以根据大量已经获得的数据，依据不同的方法来得到所需

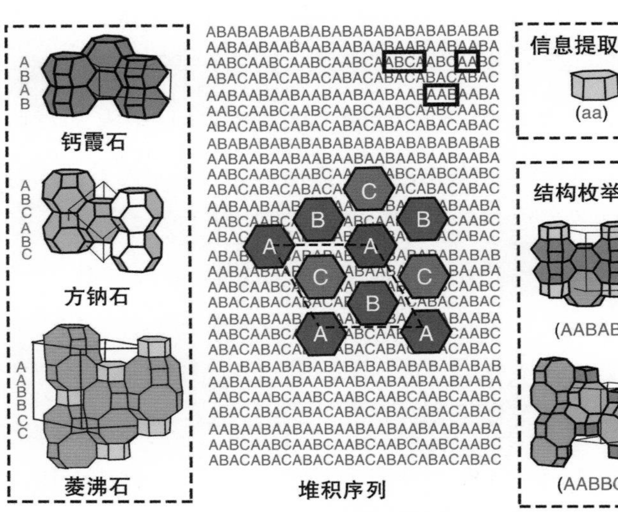

图3-8　构建的ABC-6堆积序列的假想分子筛结构

预测的性质，从而大大降低材料的研究时间与成本。

机器学习在分子筛领域的一个重要的应用方向是探究分子筛的合成策略。值得注意的是，分子筛合成过程中涉及的化学反应非常复杂，影响其合成的因素也多种多样，涉及反应物的组成、温度、压力、pH、模板剂以及时间等方面。例如：反应物的化学组成决定了分子筛的骨架结构，不同化学组成，或者即使同一化学组成但是配比不同，都会产生不同类型结构的沸石；pH会通过影响SiO_3^{2-}的聚合度从而影响所合成出分子筛材料的结构、生长速度以及产物的纯度等。

面对如此复杂的合成条件，如何合成出我们想要的分子筛呢？于吉红教授课题组进一步根据反应物的配比以及模板剂的相关参数，利用支持向量机的机器学习模型预测了含有六元环和十二元环结构的磷酸铝分子筛的合成条件，从而大大降低了合成的成本。[29]有机模板剂也是分子筛材料合成过程中重要的因素之一，Schwalbe-Koda等人模拟了超过50万对分子筛与有机模板剂的相互作用，通过能量、几何以及静电的参数预测出了分子筛的合成。同时，作者也利用该预测模型，在实验上成功合成出分子筛材料，从而为发展新型分子筛提供了新的方向。[30]

沸石分子筛材料由于孔道结构均一，并且具有良好的形状选择性，在吸附、催化领域有着广泛的应用。纷繁的拓扑结构、不同的硅铝比以及多种金属元素掺杂等影响因素的排列组合导致探索分子筛的催化性能充满了挑战。此时，借助机器学习这把利剑，我们便可以在分子筛吸附与催化领域乘风破浪，披荆斩棘。

氮气是空气中占比最多的气体分子，合理利用氮气资源在化肥生产和储能等领域有着重要的作用。目前，机器学习为筛选出具有优秀的氮气吸附性能的材料立下了汗马功劳。例如：通过密度泛函理论计算得到100种分子筛的近200个不同的吸附位点上的结合能作为机器学习的数据集，从中得到的3个描述符可以快速预测氮气在分子筛中的结合能，对分子筛的等温吸附曲线进行快速的模拟。利用机器学习模型，南京大学研究人员从20万个假想的分子筛结构中筛选出了2万个与氮气分子结合能力较强的结构，为相关研究提供了宝贵的信息。

在分子筛结构中引入各种金属原子，可以为分子筛带来反应活性。利用深度学习以及可解释的机器学习模型，可以预测催化氮气转变为氨气的反应过程中的能量变化以及可能的反应路径（图3-9）。深度学习无须人工提取描述符，仅仅提供结构的信

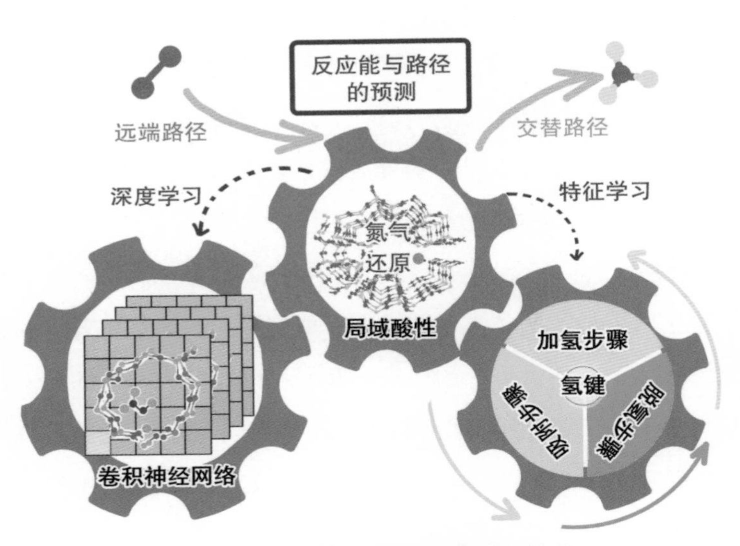

图3-9　机器学习预测分子筛的催化性质

息便可以实现高效的预测。例如，可以把分子筛孔道结构中的原子和化学键分别想象成图结构的节点和边，只需要将其输入到深度学习的网络模型中，便能够对反应能进行预测。通过深度神经网络的自动学习，金属配位作用以及氢键相互作用的重要性便会自然地显露出来。化学反应的路径也可以想象成是从某个地方到目的地所需走过的路线。对于氮气还原催化反应而言，有着多条可能的反应路径，因此机器学习可以在预测反应路径方面大展拳脚。基于吸附活化后氮气分子的状态，例如键长、电荷信息，便可以预测出选择某条反应路径的概率。[31]

综上，分子筛材料通过注入人工智能这一新鲜血液而焕发了新的活力，绽放出异彩。有了机器学习的助力，能让化学家们更为高效地合成出新型分子筛材料，理解外界因素对合成分子筛的影响机制，从而设计出高效的合成方法。此外，机器学习也可以帮助化学家们进一步探索分子筛在吸附和催化领域的应用，从而设计出性能优异的功能材料。然而，机器学习在分子筛领域中蓬勃发展的同时，也面临着一些挑战。目前关于分子筛性质的实验以及计算数据库依然缺乏，导致可用于分子筛性质预测的机器学习模型数量较少，因此需要高通量的计算以及实验的辅助。同时，对于机器学习的“黑箱”模型，如何深入理解数据背后的物理化学含义，有待进一步的探索。我们可以相信，未来的分子筛领域将会与人工智能结合得更紧密，数据更丰富，算法更高效，预测更精准。更进一步，如果使各式各样的孔状结构与不同功能的化学或生物分子结合起来，将会为我们带来五彩缤纷的化学现象及广泛的应用前景。

纳米孔技术是一种新兴的分子感知识别技术，通过实时地追踪分析检测物质通过纳米孔产生的特征电流信号，以获得它们的结构信息与理化性质。纳米孔检测技术是一种简单高效的单分子分析方法，被广泛用于病毒检测，DNA（或RNA）测序、检测和数据存储，小分子传感，药物筛选，环境检测等。由于纳米孔信号在传感和测序方面的复杂、多样性，通过传统统计分析具体识别统计差异的方法难以有效应对。基于人工智能技术的数据处理方法成为当前纳米孔数据处理分析的主要策略。例如，为了实现流感病毒的快速、准确、高灵敏诊断，日本大阪大学的研究人员将人工智能与纳米孔传感器相结合，通过使用AI技术来进行信号分析，生成识别病毒的“标志”，使得传感器可以高精度地识别病毒[32]，该项技术在危险的流感监测方面具有重要价值。南京大学研究人员基于RNA表观遗传学修饰信号数据库，开发了机器学习算法辅助纳米孔自动识别技术。通过对训练获得各种机器学习模型的评估，发现支持向量机分类器对11种核苷酸区分准确率高达99.6%，为核苷酸的检测提供了自动化数据分析工具[33]。这些成功的应用展现了人工智能在开发及运用各种孔状材料中的巨大潜力，如同万花筒一般，为我们带来一些超出想象的奇妙组合，充分显示了化学之美。

四、AI为锂离子电池助威

为应对全球变暖，实现二氧化碳净排放量为零的目标，建立绿色可持续能源系统已成为迫切需要。然而，风能和太阳能等可再生能源由于其具有间歇性和普遍分散性，导致在目前的电网中直接使用这些能源变得困难。要想最大限度地利用这种可再生能源，储能设备是不可或缺的，先进的储能设备在帮助构建未来的能源系统方面显示出巨大的潜力。

锂离子电池作为一种典型的储能设备，不论在便携式电子设备、电动汽车、甚至大规模智能电网中都有重要应用，极大地影响甚至改变了我们的生活方式。锂离子电池通常由集电器、负极、隔膜、正极、电解质和包装材料组成（图3-10）。其中，电解质是电池中极其重要的组成部分，对电池的倍率性能、容量退化、安全性和循环寿命有着重要影响。电解质既是离子导体，又是电子绝缘体，分为固态电解质和液态电解质。商用锂离子电池中使用的是液态电解质，包括溶剂、锂盐或添加剂。电极材料决定了能量密度的理论极限。开发具有高能量密度、低成本、长寿命和可靠安全性的先进电池是至关重要的，也是能源界的最终目标。

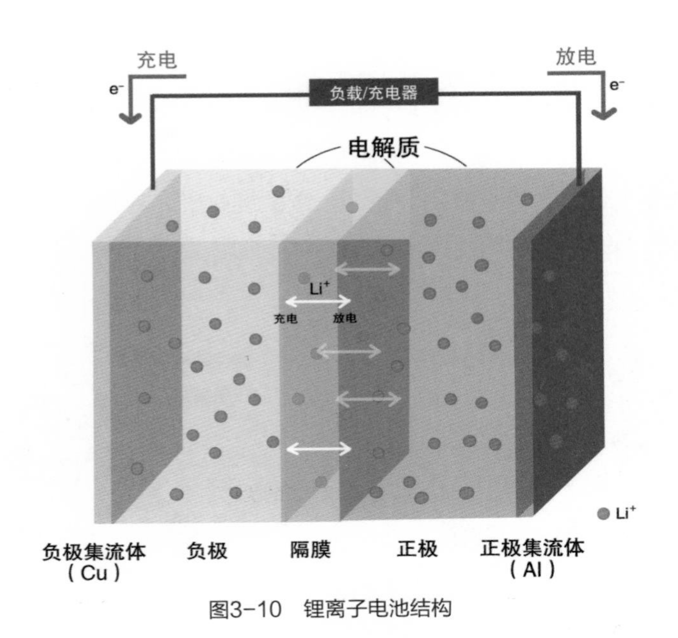

图3-10　锂离子电池结构

数据驱动的人工智能为化学和材料科学的实验和理论研究带来了新的机遇，可以加速对实验电池的测试。相较于应用传统的方法对充、放电循环性能的测试所需的大量实验以及较长的测试时间，通过人工智能可基于较少的数据量训练出模型并对电池性能实现快速预测，显著缩短测试周期。通过人工智能技术可将通过实验手段需要500天完成的测试缩短到16天完成。[34]

人工智能可加速材料发现过程。传统的电极及电解质设计主要是通过试错法，并且严重依赖研究者的经验和直觉。而对于拥有众多复杂参数的锂离子电池体系来说，研究成本以及代价无疑是非常高昂的，这不利于新材料的发现。作为人工智能的核心部分，机器学习技术可发现高维数据背后的统计规律，高效地建立、揭示复杂体系的定量构效关系，从而极大减少传统的“试错”过程或偶然发现的实验成本，缩小材料范围，发现一些由于人类经验知识缺少以及时间成本高昂导致还未发现的有用的材料（图3–11）。AI还可用于优化电池结构，显著加快新型电池系统的研究和开发，缩短评估电池材料和电池架构的过程，缩短研发周期。

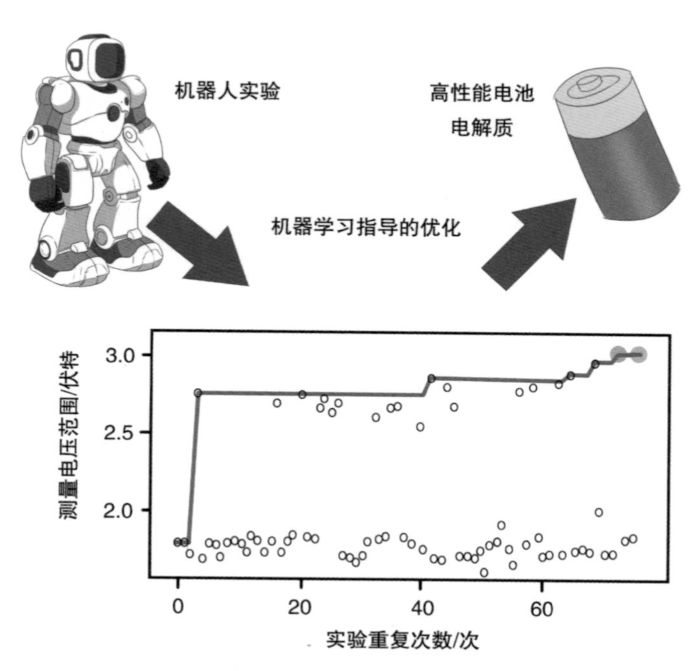

图3–11　基于机器学习的筛选电池电解质材料

由英国埃塞克斯大学研发的一项使用人工智能来优化芯片性能、发热和效率的工作表明，该发明可能将智能手机电池的额定寿命提高30%，目前这项发明已经被整合到由三星、微软等公司人员开发的一款名为“Eoptomizer”的应用程序中[35]。预计2025年约有500亿台设备将安装该应用，若“Eoptomizer”能完

全应用到以上所有可用的设备中，将助力实现全世界的二氧化碳零排放。

总之，数据驱动的人工智能为锂离子电池领域带来了新的机遇，可以缩短电池的研究、测试周期，为快速筛选材料提供了解决方案。然而人工智能在真实系统中的应用仍然极具挑战，如数据稀缺会导致具有大量可调参数的深度学习工具难以有效训练模型，从而阻碍高质量模型的生成。若形成格式统一且易于访问的公用数据集会大力促进人工智能在锂离子电池领域的应用。

五、AI让有机光电材料大放异彩

有机光伏材料作为一种新型清洁能源材料，能够通过光伏作用将太阳能转化为电能，从而减少人类对化石能源的依赖。该类材料的应用主要包括有机太阳能电池（organic solar cell，OSC）和染料敏化太阳能电池（dye-sensitized solar-cell，DSSC）等（图3-12），通过优化材料和器件结构，电池性能逐年攀升，尤其是OSC的器件能量转换效率（power conversion efficiency，PCE）已突破19%。[36]

材料的传统开发模式涉及分子设计、材料合成表征以及器件优化等多个步骤，需要大量资源成本投入。在有机光伏器件中，基于共轭结构的有机类分子范围广泛、性质各异，难以逐一进行合成测试。理论计算可以提前预测材料的性质，而有机光伏器件的微观机制复杂，难以直接定量预测材料的器件效

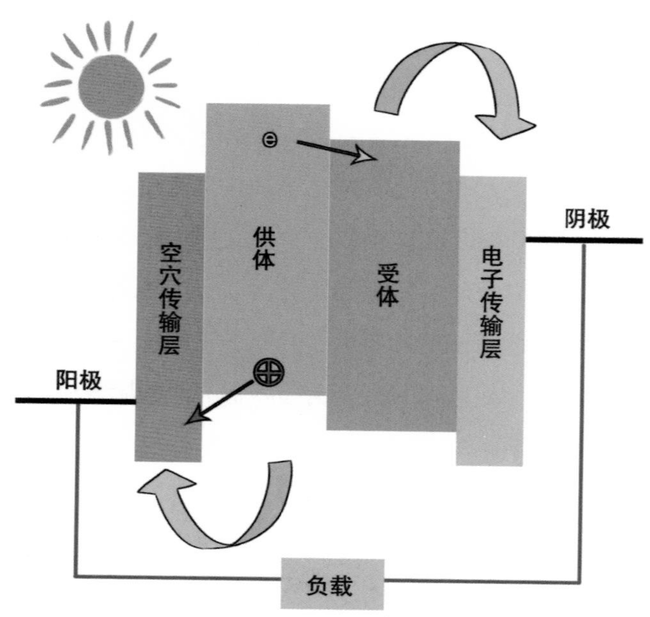

图3-12　有机太阳能电池工作原理

率。此外，有机共轭分子中存在显著的电子—电子、电子—振动关联效应，要想精确计算出材料性质，对计算方法的要求较高且计算量较大。这些都阻碍了人们对有机光伏电池的精确模拟和理性材料设计。

实际上，电池性能与材料特定性质之间隐藏着内在联系。在计算机科学、人工智能以及海量数据的推动下，机器学习等高效的数据挖掘技术可以越过复杂的中间过程，直接建立体系中的定量构效关系，成为高性能材料研发的新模式。基于图3-13所示的工作流程，科研人员利用人工智能算法构建有机分子结构与光电性质或器件性能之间的关系，为有机光伏材料的研发提供了新思路。

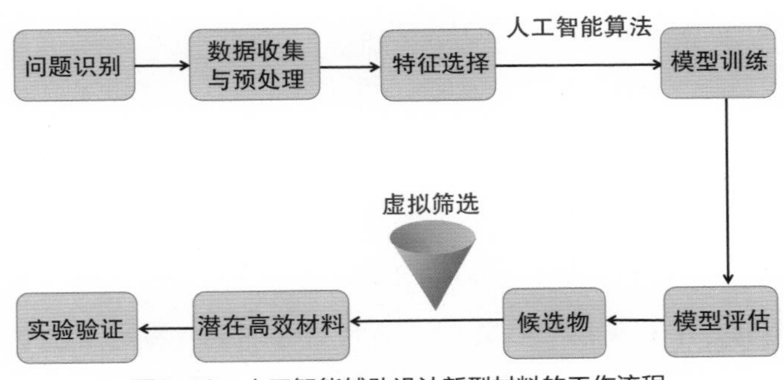

图3-13　人工智能辅助设计新型材料的工作流程

OSC的光活性层通常由给/受体两种组分按照一定比例共混而成，研究人员通常从优化给/受体以及提升两者的匹配度入手来提升器件光电性能。例如，为了找到潜在的给体，哈佛大学Aspuru-Guzik课题组提出了哈佛清洁能源项目[37]。分子结构编程语言对于机器学习至关重要，理想的分子表达形式应涵盖有效特征且具有一定的区分度。Sun等人比较了图像、字符串、分子描述符和分子指纹多种分子结构表达形式，对OSC器件效率的预测性能产生的影响有了进一步认知[38]。南京大学马海波课题组考虑了多个重要的微观特性来描述数据库中的给体，分别使用线性和非线性算法来构建预测PCE的回归模型，获得了较高的预测相关性[39]。该研究组利用构建的机器学习模型，系统筛选了上万个候选分子，识别出潜在给体分子。

通常，材料合成后需进行复杂的器件工程才可确认其最终性能的优劣，而很多器件参数的优化仍缺乏理论指导。为此，南京大学研究团队同时考虑了给/受体分子对的协同效应和共混物形貌因素，从而更好地模拟实际器件结构[40]。通过在描述符中引

入给/受体的共混质量比和共混膜的均方根粗糙度，建立了包含器件工程参数的机器学习模型。通过对约200万个候选物的系统筛选，提前探索出匹配的给/受体分子对及有利的器件参数值，有助于材料的实际研发与器件的性能提升。

类似地，宽泛的光吸收范围是DSSC实现光电转换的前提条件。然而，溶剂中的吸收光谱往往与器件中染料吸附于金属氧化物后有明显差别。Venkatraman等人利用机器学习预测了染料在TiO_2上吸收光谱的偏移情况[41]。南京大学研究人员基于搭建的有机染料数据库和电子结构描述符，基于多种机器学习算法构建了有机染料PCE的预测模型[42]。结合高通量虚拟筛选，提出了有机染料的通用设计规则，这对同类分子的设计具有指导意义。

如前所述，人工智能算法在材料性能预测中展现出强大的能力。然而，考虑到器件的复杂性和有限的数据量，人工智能在有机光伏领域仍有较大的提升空间（图3–14）。例如：有必要建立

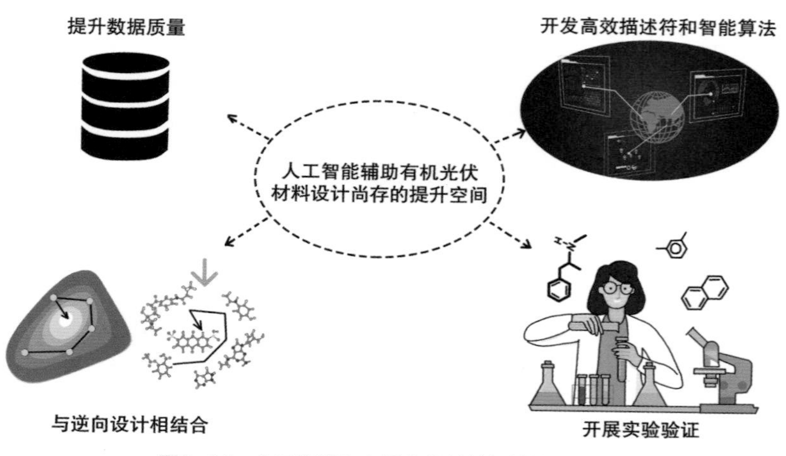

图3–14　人工智能在有机光伏材料领域的提升空间

一套基于标准器件技术的有效数据集，以提升现存数据的质量。同时，开发高效描述符和先进智能算法对有机材料的设计也至关重要。此外，将人工智能算法应用于逆向设计中，从特定性质出发，进而有导向地进行材料设计。更重要的是，需要对潜在高效分子开展直接的实验验证，从真正意义上提升有机光伏材料的研发效率。

第四章

AI为地球环境保驾护航

人类赖以生存的地球环境由大气圈、水圈、岩石圈和生物圈构成。我们在化学、生物、材料等学科领域的研究为改善人类的生存状况和生活质量做出了极大贡献，但也带来了一些环境问题。当今世界经济社会发展与资源环境处在全球化时代，人类面临的资源环境问题需要站在全球资源配置和地球环境演化的高度上加以审视，这就需要以地球和资源环境系统科学理论为指导的大数据信息来调度资源的利用。AI在感知、分析、预测、交互方面的能力，为地球和资源环境科学领域带来了革命性的影响。地球化学具有数以亿万计高精度和时空定位的结构化大数据信息优势，高速率云计算、区块链等关键技术的日益成熟以及智能化前沿理论研究的不断突破，为地球和资源环境在大数据信息科学方面的应用奠定了基础，有望发展成为跨学科、跨领域融合交叉的现代地球和资源环境科学研究的新范式。AI在资源环境中的应用主要体现在提升环境信息采集和处理能力、增加环境污染或环境污染风险的监测和预警能力、提供环境污染控制新技术及精细化管理方案等。另外，AI在解析环境数据特征、探索反应机理机制、开展决策优化以及加快环境知识和理念的传播等方面也具有巨大的潜力。AI是我国打好蓝天、碧水、净土保卫战，实现“可持续发展”的高级“智库”。

一、AI让地球化学更智能

地球科学是涵盖大气圈、水圈、陆地岩石圈、冰雪圈和生物圈间相互作用，以及自然和人类相互作用的复杂系统科学。在地球可利用资源的消耗与枯竭的背景下，各类地质灾害的频发威胁及地球系统演化过程中涉及的人类生存问题，正成为我们全人类共同关注的焦点。因而，我们需要在现今对深时①地球演化认识的基础上，更深入地理解地球系统的运行方式[43]。地球系统涵盖了大量空间分布和时间序列的变量，作为地球科学的一部分，地球化学具有天然结构化的信息科学属性，在地球科学研究中扮演着多面手的全能角色。在矿产资源勘查方面，地球化学经历了从地球化学异常特征评价、模式类比评价向大数据评价发展的历程；在生态环境方面，地球化学从环境地球化学、生物地球化学向生态地球化学发展。随着分析技术和研究手段的进步，地球化学数据呈现出爆炸性增长的趋势，数据的复杂程度也迅速增加，地球化学从信息化、模式化研究逐渐转向了智能化应用研究。人工智能和大数据的结合为地球化学研究带来了良好契机。以机器学习为代表的人工智能方法正成为地球化学数据存储、数据挖掘、数据结构描述、分析预测的有力工具，大大提高了信息有效提取和精确预测效率，在岩石和矿物识别、化学成分分析、矿产

① 深时，即deep-time，通常指人类出现之前的历史。

远景预测等方面得到了应用。下面将带大家了解人工智能在地球化学研究方法改进、地球化学应用，以及未来研究等方面的机遇和挑战。

（一）工欲善其事，AI来利其器

由于地球化学具备信息科学的属性，因此分析方法的发展和优化是制约地球化学发展的关键因素。随着AI技术的发展进步，人工智能模型与地球化学分析技术［例如激光诱导击穿光谱技术（laser-induced breakdown spectroscopy，LIBS），X射线吸收精细结构（X-ray absorption fine structure，XAFS）光谱学，穆斯堡尔光谱测量技术等］结合，大大提高了野外工作场景中矿物识别、岩石分类以及实验室中单矿物微区分析、粉尘岩石和土壤化学成分、矿物中特定元素价态和配位数等地球化学分析的能力和精确度。例如，某些研究对象如原子、天体行星等是难以通过常规实验手段获得数据的，数值模拟计算便成为地球化学研究中重要的工具，但其对计算资源的需求量往往是非常大的，而机器学习能够大大降低数值模拟计算的复杂性，以便开展从原子尺度到流域尺度、行星尺度的数值模拟。化学反应动力学结合机器学习能够高效表征地球化学反应产物和反应动力学参数（例如估算油气田源岩和储层的有机质特征）。反应传输模型结合机器学习能够模拟地表水、土壤及地下水系统中反应和传输过程、营养盐与生物群落之间相互作用等。机器学习辅助板块构造动力学计算除了可以模拟地幔对流外，还可以拓展到地幔速度、弹性参数以及地幔热异常和化学异常预测等方面。分子动力学、量子力学和分子力学计算量受到体系大小的限制，长期以来研究者通过简化团簇模型、截断能等方式减少计算量，而分子动力学机器学习方法能够以分子动力学计算速度获得从头计算分子动力学的精度。在量子力学计算方面，神经网络模型用于目标体系电子密度和结构优化计算得到了相当于甚至优于全电子方法的精度。[44] 120

（二）锋芒初露，AI成为地球化学得力助手

在地球科学研究中，地球化学数据宛如记载研究对象信息的专属名片，研究者通常根据研究对象的代表性地球化学特征来识别其特殊身份，如岩石岩性、物质来源、特殊地质事件和矿化带等。但传统地球化学方法所记录的“名片”信息过于庞杂重复，数据大量覆盖，这将造成关键信息识别困难，数据信息复杂以致难以区分等问题。地球化学大数据库与人工智能模型计算相结合，使得“名片”信息变得井井有条，有据可循，这在帮助研究者判别岩相、识别矿物成因、判断成矿期次、辨别成矿/富矿岩体、碎屑矿物的物源示踪等方面表现出突出的优势。例如：人工智能基于矿物化学成分、显微光学图像和光谱分析等多维度的“名片”信息，实现了对于矿物的智能识别，提高了识别过程的准确性、客观性和稳定性，具有工业推广价值。此外，成矿过程中地球化学元素及同位素组成在地壳多旋回多期次作用过程具有连续继承性特征，就像地球内部运动过程中一丝不苟的记录员一般。在从成壳—成岩地球化学模式演化为成晕—成矿地球化学模式的过程中，这些地球化学数据可以传递壳幔成矿物质初始分

异、迁移富集和矿化过程中的地球化学信息。因此，借助不同期次成矿系统形成的地球化学信息，研究者可以像追踪“脚印”般开展反演印证和追踪溯源工作。

源自不同成矿系统的地球化学信息所具有的唯一性，使得其“脚印”独一无二，这又成为该系统区别于其他成矿系统与系列的专属性标志，可用以指导研究成矿地球化学分带富集模式和提高矿产资源预测能力。例如基于磁铁矿地球化学大数据和机器学习构建的判别模型，可以给出每种矿床类型的概率，能有效判别矿床成因类型。现今矿产勘查面临难识别、难发现、难利用的局面，尤其在深部成矿预测、低碳能源开发利用、战略性矿产资源勘查方面存在巨大挑战。计算机数值模拟及机器学习结合地质调查监测大数据（如地质构造背景、成矿年代、空间及产状等）和地球化学数据（如成矿温度、成矿压力、流体包裹体、同位素、微量元素等）等地球化学找矿指标，可以实现找矿远景靶区圈定、地球深部找矿模型构建与矿产资源的预测评价。在战略性关键矿产资源研究方面，人工智能在数据挖掘分析方面具有明显优势，可以助力摸清我国战略性关键矿产资源家底，在创新成矿理论、挖掘重点矿集区、梳理时空分布规律、实现矿床结构透明化等方面实现新的突破（图4-1）。

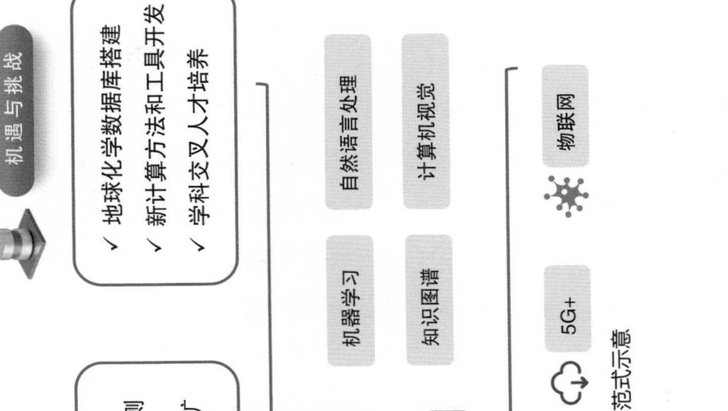

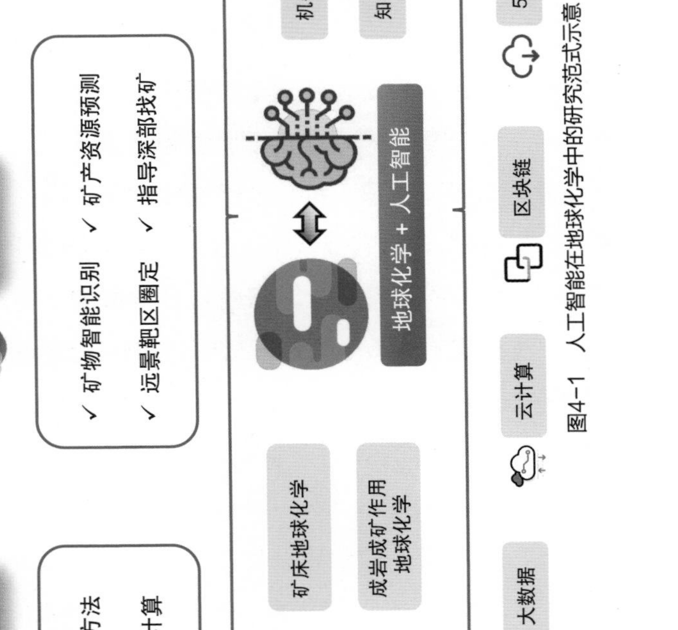

图4-1　人工智能在地球化学中的研究范式示意

（三）地球化学路漫漫，AI携手上下求索

AI技术发展的日趋成熟，为地球化学带来了新的机遇，但也存在一系列亟待解决的难题与尚未攻克的难关：

（1）地球化学数据库搭建。如上所述，地球化学数据从不同维度记录着研究对象的关键“名片”信息，但要想获得研究对象的全貌，就需要有从不同维度刻画研究对象“名片”信息的地球化学数据联合描述，这对地球化学数据库的搭建有着极高的要求。人工智能应用于地球化学需要有大量可靠和基础性的地球化学数据作为支撑。目前地球化学数据库中存在采样代表性低、分辨率低、部分领域的地球化学原始数据量不足、原始数据的一致性偏低等诸多问题，亟待推进地球化学大数据项目。2005年成立的EarthChem已建成多个专项地球化学数据库，包括火成岩数据库PetDB、北美火山岩和侵入岩数据库、玄武岩数据库GEOROC、变质岩岩石学数据库MetPetDB、海洋和陆地沉积物地球化学数据库SedDB、GANSEKI和美国地质勘探局国家地球化学数据库等。美国国家科学基金会2010年资助了跨学科地球数据联盟（interdisciplinary earth data alliance，IEDA），2011年启动了EarthCube项目。这些项目旨在通过优化对地球科学数据的访问、共享、可视化和分析等环节来促进人工智能在地球科学研究中的落地。中国科学家也非常关注对地球科学数据库的开发，并于2016年成立中国矿物岩石地球化学学会大数据与数学地球科学专业委员会。中国科学院战略先导研究项目支持了地球大数据科学工程（CASEarth）项目，专注于现代地球表面数据，建立

全球离散网格系统和地理空间信息处理与可视化平台。隶属于国际地质科学联合会大科学项目之一的深时数字地球（deep-time digital earth，DDE）项目正致力于地质数据的标准化和数字化，旨在利用数据科学和信息技术来了解地球系统的演化[44] 120。未来在地球化学数据库的搭建中要坚持多学科参与的开放科学原则（即开放源程序、开放资料、开放研究及成果）。地球化学大数据具有全地域、高密度和大体量的优势，以及物质性、时空性、客观性与机构化的大数据属性特征，这为地球化学领域研究从信息化进入模式化、智能化奠定了基础。

（2）新计算方法和工具的开发及地球化学和数据科学学科交叉人才的培养。地球化学与人工智能学科的深度交叉，有助于从纷繁的地球化学数据中创造出更多新的计算方法和工具，这将在地球科学重大问题研究中起到不可替代的作用。人才是实现地球化学+人工智能科学融合创新的基础。因此，在发展现有地球科学课程的基础上，亟待开设为地球化学专业本科生和研究生设计的数据科学课程，培养创新性地球化学人才。地球和空间科学正在经历大数据和机器学习带来的积极变革，机器学习高效的数据收集、生产和处理能力可以成为科学研究的助推器，有望从根本上改变许多领域的研究方法。从数据模式中提出可能的假设，以指导地球化学未来的研究方向，这可能是地球和空间科学的新增长点。高质量地球化学数据库的建设和机器学习方法的完善在地球系统科学研究方面具有强大生命力，未来将引领地球化学迈入快速发展的新时代。

二、AI在环境化学中大显身手

随着数据、算法和算力的飞速发展，人工智能及机器学习等数据驱动方法也正在越来越多地被应用于环境领域[45-47]120。作为环境科学中的重要分支学科之一，环境化学以解决环境问题为目标，主要将化学物质在环境中出现而引起的环境问题作为研究对象，是应用化学的基本原理和方法，研究大气、水、土壤等环境介质中化学物质的特性、存在状态、化学转化过程及规律、化学行为与化学效应的一门科学，包含了环境分析、各圈层的环境化学、污染生态化学、环境理论化学、污染控制化学等，呈现出系统性、复杂性、综合性、开放性等特点，因此，非常需要高效的研究工具。早在1998年第13届欧洲人工智能会议上，与会科学家就提出了推动环境科学与人工智能相结合的倡议，认为人工智能技术可以为环境问题研究提供有效工具。人工智能在感知、分析、预测、交互方面的能力，将会为环境化学领域带来革命性的影响。人工智能在环境化学可以大显身手的方面主要体现在提升环境信息采集和处理能力、增加环境污染或环境风险的监测和预警能力、提供环境污染控制新技术及精细化管理方案等（图4-2）。[47-49]120另外，在解析环境数据特征、探索反应机理机制、开展决策优化以及加快环境知识和理念的传播等方面也具有巨大的潜力。

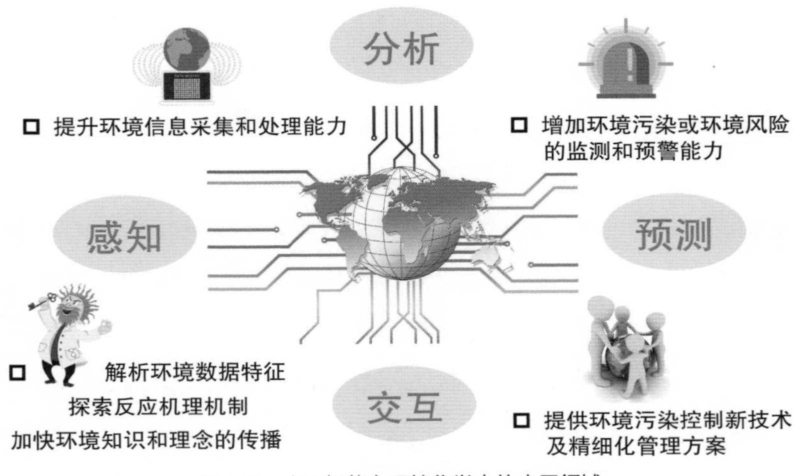

图4-2　人工智能在环境化学中的应用领域

（一）AI将复杂的环境信息尽收眼底

首先，人工智能技术拓宽了环境信息的获取途径。人工智能图像、声音识别处理技术具有较为广泛的搜索和分析能力，极大提高了人类对环境状况的感知能力和观察能力，例如，融化的冰川提供了关于地球变暖的最为清晰的视觉证据。不幸的是，收集数据和测量这些变化只能以粗暴原始的方式进行，这使得测量冰川表面的变化和融化速率测定变得相当棘手。将机器学习应用于无人机和卫星的光学数据，可以观察不断变化的冰冻圈[50]。在大气污染研究中，人工智能可以根据大气中污染物密度形成不同的热图，实时跟踪和检测区域大气污染状况[51]。

其次，人工智能技术增加了对环境信息的处理能力。例如，在观察冰川或者冰原动力学特征时，需要对原始的雪、尘埃覆盖、藻类覆盖以及被水漫过的冰面进行详尽的分析，进而捕捉冰面演变特点及规律。然而我们通过人工智能来识别不同的表面如何反射某些波长的光，使得直接从图像对不同冰面进行准确的分类成为可能。

最后，人工智能与大数据相结合还可以扩大环境监测的时空范围，利用自主智能检测设备可以大大降低收集环境信息的难度和成本。通过广泛安装环境污染以及检测传感器，增加监测的持续时间和频率，可以有效扩大监测覆盖面积。例如，使用基于人工智能的无人驾驶飞行器、无人潜航器以及专用于监测空气污染物的街景车，可以对大气、水、土壤等污染信息进行长时间动态检测。

综上所述，人工智能技术在图像识别、模糊处理等领域的应用使得环境监测的数据和信息来源更加丰富和多元。通过与物联网、大数据平台的结合，使环境管理主体在获得海量数据的同时也得到相应的数据分析和处理能力，降低环境污染信息的处理成本。

（二）AI使潜在的环境风险无处可遁

人工智能在环境化学领域的一个重要应用方向是进行复杂系统的模拟和污染事件的监测与预警。环境监测者可以通过系统建模、推演等方法，对环境信息数据进行挖掘和处理，对环境影响因素及其影响进程进行定量分析，动态感知环境系统的变化，及时作出环境治理政策响应；也可将新观测的数据结果与历史数据（通常符合正态分布）进行比较，确定统计上存在的不可能偏差，有效识别当前异常事件，从而进行风险预警。[45] 120例如，湖泊水体的富营养化会导致蓝藻的暴发性繁殖，大规模的蓝藻暴发引发“水华”，导致水质恶化，蓝藻耗尽水中氧气而造成鱼类的死亡。更为严重的是，有些种类的蓝藻（如微囊藻）还会产生藻毒素，对湖泊中的生物及人体健康具有严重危害。通过人工智能和机器学习对卫星图像数据集进行深入分析，我们便可以预测未来藻类繁殖的变量，从而提供有害藻类暴发的早期预警[52]。机器学习还可对异常值进行检测，识别历史或当前异常事件，计算未来污染事件的发生概率，如识别管道爆裂位置、检测供水网络中的污染事件以及矿山废水中突发性的重金属污染事件等[45]120。

（三）AI“占卜”污染物的迁移转化

化合物的分子结构是其理化性质、生物活性、生态毒性、环境迁移转化行为的内在因素。结合人工智能能够帮助我们预测化学污染物在环境中的迁移转化规律。由于环境生态呈现开放性和系统性特征，加之各类环境因素的重重叠加，导致这种关联性并非简单的线性关系，进而使传统的模型无法进行有效的预测。但这种关联性可以通过人工智能机器学习的方式描述出来，并且具有很高的预测精度[53]。例如，目前已经有很多环境学家通过机器学习来模拟预测自然及工程水环境中污染物的转化和迁移、污染物的化学反应性和环境半衰期、污染物的生物活性和环境毒性等[48]120。

环境化学机器学习模型构建的一般流程如图4-3所示。首先将污染物分子结构转换成定量的描述信息，通过选择合适的机器

学习方法用训练集进行模型训练；其次利用测试集对训练模型进行检验和优化；最后进行模型预测和解释。近年来，随着量子化学计算方法和机器学习的不断发展，分子描述符对分子结构的描述变得更加全面，使预测结果更加准确。

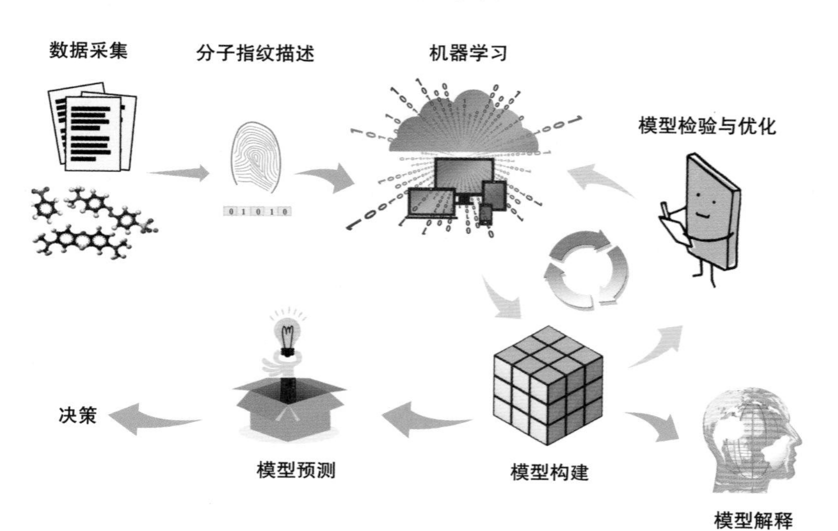

图4-3　环境化学中机器学习模型构建示意

获得有效的机器学习模型后，通过智能算法对模型进行反演和解释，有望识别对模型具有重要影响的关键输入特征，揭示机器模型“学到”的隐性知识。例如，空气污染作为一个复杂的全球性环境问题，受很多因素的影响，而支持向量机、神经网络和特征提取方法等机器学习技术在确定颗粒物建模的最重要因素方面特别有用[54]。研究人员发现，通过机器学习可以揭示内分泌干扰物具有生物化学活性的关键特征，确定其在生物体内的活性类型，以及这些特征是如何发挥生物功能的[55]。研究人员还发现辛醇—水分配系数在调节植物对有机污染物的吸收中起主导作用，而它们的分子量起次要作用[56]。

人工智能的预测功能提升了对污染物环境行为和环境风险的认知。利用人工智能技术进行数据驱动分析已成为环境化学研究中发现隐藏模式和因果关系的关键工具。在人工智能技术帮助下，人类对污染物的环境行为认识将会更加深刻，对环境风险的预测将会变得更加精准。这不仅能够节省大量的人力、物力资源，还极大缩短了社会对环境污染风险的响应时间。

（四）AI为环境污染控制提供“智囊团”

除了用于识别和预警，人工智能还能为环境污染控制提供新技术、新方法。如基于人工智能的环境功能材料设计与优化、融合与分析诊断新方法、机理模型与数据方法融合的污染物降解/资源回收机制研究等。

环境材料的研发对环境污染控制技术至关重要。然而，环境功能新材料的合成往往伴随大量的数据和冗杂的参数，在材料化学合成路线中，每一个步骤可能发生的转变数量从几十到几千不等，由此需要考虑极端庞杂的系统和大量潜在的解决方案组合。在这些组合中，往往还存在着很多相互竞争的参数（如时间、成本、纯度、毒性等），因此传统实验方式非常不适用于当今形势下的环境功能新材料的研发。利用人工智能技术，从大量的实验数据出发，通过训练探究规律、积累经验，机器学习可以像一位经验丰富的材料科学家一样，筛选分析、做出判断、给出预测，帮助人类找到去除污染物更强、杀菌消毒效果更佳、碳捕捉或碳利用更有效的新型环境功能材料，大大节省了时间与实验损耗。

另外，人工智能技术利用大数据进行分析，可以较为准确地了解当前环境状况，如环境问题的突出区域、污染源集中分布地带等，在此基础上，人工智能可以通过对资金、技术、设备等资源的优化配置，达到节能减排、提质增效的目的，从而提高全域范围内的资源配置效率。国外研究还将人工智能技术用于设计和支持污水处理厂的自动控制和监管系统，提高各个环境处理单元节点的效率，实现精细化管理[48] 120。未来在人工智能的辅助下，环境污染控制的实施效果评估将更加定量化。环境风险管理政策的制定和调整不再依靠经验，而是建立在数据分析和政策结果推演预测的基础上，帮助环境政策制定者获取更多的决策依据，使得环境治理决策的响应时间更短，环境治理政策的精准性更高。

综上，人工智能在环境化学领域具有巨大的应用前景，主要聚焦在环境检测、环境分析、环境信息感知、风险预警和污染控制等领域。利用人工智能的环境信息处理能力和模型预测能力，能够让环境化学家更有效地分析污染物的迁移转化规律、时空分布特征以及潜在的环境风险，让环境工程专家更为便利、高效、经济地研发环境功能新材料和污染控制新方法，也可帮助环境决策者制定更为精准和科学的管理政策。

然而，人工智能在环境污染治理中发挥积极作用的同时，也面临着诸多挑战，例如过度依赖数据的环境风险问题受数据偏差的影响较大。因为，人工智能是利用自身设计算法对大数据进行分析的，会放大原始数据的偏差，所以一旦原始数据出现偏差，

人工智能推算结果与实际污染分布范围就会出现较大差异，从而降低环境污染治理效率，因此，这对原始数据的准确性提出了更高的要求。此外，人工智能技术是通过数据驱动寻找事物演进规律的，并非基于科学的物理化学内涵，具有“黑箱”特征，模型预测性能和可解释性之间存在平衡，因此对机器学习模型的选择需要格外谨慎。但不管怎样，数据驱动下的环境化学研究是一个充满无限可能的新方向，它颠覆了传统研究方式，为人们了解环境污染背后的潜在规律提供了新的途径。人工智能在环境化学领域的应用还只是刚刚开始，未来将有无限可能。

三、AI将二氧化碳变废为宝

我国目前对于能源的消耗十分重视，由于近年来碳排放增速迅猛，CO_2排放总量已接近100亿吨，碳排放交易可达2 400亿元左右，CO_2的减排、转化、利用也成为我国的基本国策。国家主席习近平在第七十五届联合国大会一般性辩论上明确提出“中国将提高国家自主贡献力度，采取更加有力的政策和措施，二氧化碳排放力争于2030年前达到峰值，努力争取2060年前实现碳中和”，为我们指明了“绿色复苏、低碳转型”的发展道路。因此发展新技术实现CO_2的高效转化势在必行。

将CO_2转化为高附加值燃料或其他基础工业原料，是实现“双碳”（即碳达峰与碳中和的简称）目标的重要途径之一。其中，碳达峰是指某个地区或行业年度CO_2排放量达到历史最高

值，再经历平台期逐步实现持续下降的过程，标志着CO_2排放量由增转降的历史拐点。碳中和则是指某个地区在一定时间内（一般指一年）人为活动直接和间接排放的CO_2，与其通过植树造林等方式吸收的CO_2相互抵消，实现CO_2的“净零排放”。

虽然CO_2分子可导致温室效应，影响地球的生态，但是人们也可以将它变废为宝，通过化学催化的过程让其成为高附加值的产品（如甲醇、甲烷、乙烯等）。如图4–4所示，根据得到产品的含碳原子的个数多少，人们又把这些产品称为C1产物（包含1个碳原子，如甲醇、甲烷等）、C2产物（含2个碳原子，如乙醇等），以此类推。由于CO_2分子中有惰性碳氧双键的存在，使得CO_2分子在常温、常压下极为稳定，因而其转化反应大多需要在一些高温、高压的条件下进行。目前，二氧化碳还原的催化剂种类繁多，主要包括过渡金属及其氧化物、合金、金属团簇和金属有机框架等。然而，看似简单的CO_2分子其实是个多变的“精灵”，它的还原催化反应过程非常复杂，涉及多质子和电子的转移，并且其还原过程中存在多种中间产物，包括醛类、酮类、酸以及醇类等化合物（图4–4）[57]。因此在工业化生产过程中需要投入较高成本去实现这些中间产物的分离与纯化。设计具有高选择性、高活性、高稳定性的催化剂是当前CO_2还原领域所面临的关键科学问题。面对浩如烟海的材料，如何理性设计并寻找出性能优异的CO_2催化剂仍然是目前发展的主要瓶颈。人工智能的出现给CO_2的催化领域带来了新的契机，加速了实现“双碳”目标的脚步。

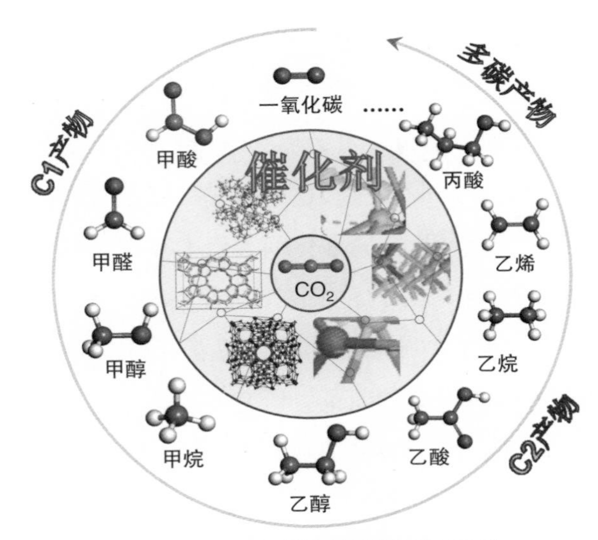

图4-4 CO_2还原催化可能的产物分布图

科学家提出了一种借助机器学习预测CO_2电催化材料活性的方法[58]。一氧化碳（CO）分子的形成是CO_2催化过程中所需要经历的一个重要状态，CO在催化剂表面的结合强度与催化活性有着重要的联系，因此，预测CO的吸附能成为预测催化剂活性的一个重要指标。研究人员首先从数据库中挑选出12 229种铜基金属材料表面上228 969个吸附位点，并选择其中一部分的结构，利用量子力学方法计算CO分子在其表面的吸附能，从而产生大量的数据，根据计算得到的这些数据来训练机器学习模型，用以预测其他材料表面上CO的吸附能。结果发现，铜–铝（Cu–Al）合金表面具有丰富的活性位点数量和类型，从而有望成为催化CO_2还原生成乙烯的候选催化剂，这也为实验研究拓宽了催化剂设计的思路。

然而，真实的催化剂表面并不是完全平整的，甚至可以说是非常复杂的，除了存在一些错位、缺陷以外，也有可能存在一些棱角、掺杂的情况（图4-5）。那么CO_2分子更喜欢在哪些位置被活化，生成对应的产物呢？这个时候机器学习就能够帮助人们“大海捞针”，寻找金属催化剂表面上具有高催化活性的位点[59]。科研工作者首先构建了两个神经网络，用来分别预测碳负载金纳米颗粒材料中11 537个表面位点上的CO的吸附能和生成*HOCO中间体所需要的能量。研究发现金原子近邻的原子比较少的时候，CO分子很容易被金原子抓住，更容易生成*HOCO中间体。而当金原子近邻的原子很多的时候，CO分子就很难挤进去了，也就不容易吸附在催化剂表面，因而难以生成*HOCO中间体。研究进一步发现催化剂表面缺陷很多的时候，CO_2分子更加容易被困在“坑洼不平”的催化剂表面，从而提高了催化活性。

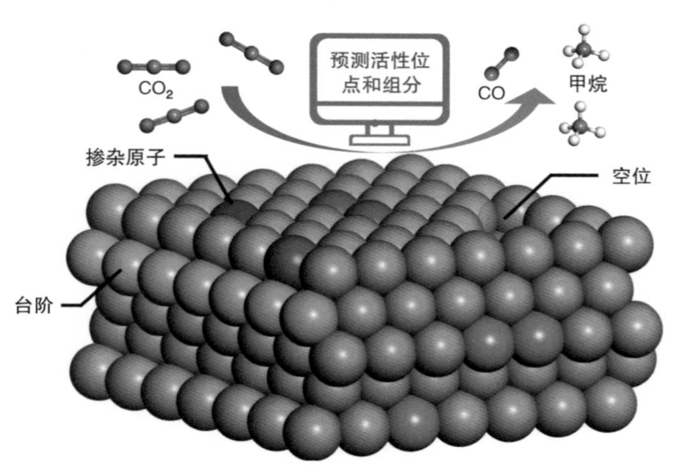

图4-5　机器学习预测CO_2催化剂的活性位点和组分

除了预测CO_2催化剂的活性之外，我们还需要借助机器学习预测反应最终的产物是什么。预测反应产物对于精准调控化学反应的选择性至关重要。南京大学研究人员构建了金属分子筛活化CO_2的数据集，涵盖了金属分子筛在催化CO_2还原过程中各个中间体的结构和相对能量数据（图4–6），并基于以上数据，设计、构建了描述CO_2反应路径、金属活性中心、氢键相互作用和催化剂几何结构的特征描述，不仅可以快速准确预测金属分子筛中CO_2还原反应的能量，还能够对CO_2的最终产物给出正确率超过90%的预测，从而降低了实验以及计算研究的耗费[60]。该预测模型还具有良好的可迁移性，除了可以对金属分子筛体系给出良好的预测结果，对其他的金属有机骨架材料、二维材料以及金属配合物分子的CO_2催化反应也能够给出较好的预测，为CO_2还原催化材料的理性设计与合成提供了有力的工具。

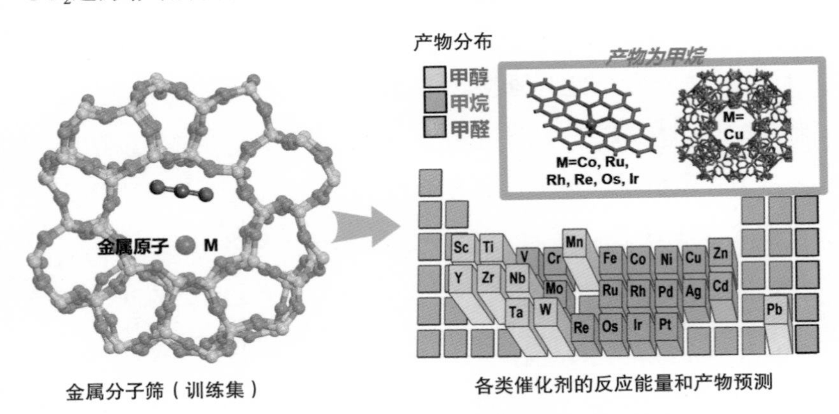

图4–6　机器学习预测金属分子筛中CO_2还原反应能量及产物

为了进一步设计出性能优异的催化剂，机器学习可以对催化剂的组成进行设计与优化，指导高效合成。例如，AI可以预测兼具高选择性和高活性的CO_2还原的高熵合金催化剂[61]。高熵合金由于可以精细调节它的组成配比，通过排列组合的方式就可以产生浩如烟海的候选催化剂。我们想象一下，如果一个个地研究这些材料，那么时间条件是不允许的，还会造成经济的浪费，此时，人工智能便能大显身手了。研究人员采用高斯过程回归的机器学习算法对高熵合金表面上CO分子和氢（H）原子的吸附能力进行预测，进一步通过计算材料结构与吸附能力之间的相关性，探讨了高熵合金中元素配比与CO_2催化活性的关系。一般而言，一种好的CO_2催化剂需要能够抓住CO分子，并且能够放任H原子的离开，才能抑制其他反应的发生，促进CO的进一步还原。科研工作者在大量候选材料中已经发现了由钴铜镓镍锌和银金铜钯铂等元素构成的高熵合金含有大量的活性位置，可以高效地催化CO_2温室气体，使其变废为宝。

综上所述，在机器学习的助力下，化学家们可以更为快速地筛选出具有活性高、选择性高和稳定的CO_2催化剂。机器学习也可以让化学家更好地识别出催化剂表面的活性位置，选择合适的组分配比，从而更好地设计新型的CO_2催化剂。此外，借助于机器学习，我们可以在未进行实验的情况下，对CO_2的反应产物进行预测，从而实现产物的定向合成。然而，机器学习在CO_2催化材料领域快速发展的同时，仍然存在一些亟待解决的问题。首先，目前大部分研究CO_2催化仍然针对CO、甲醇以及甲烷等单碳产物，多碳产物的数据仍然缺乏。其次，CO_2还原反应过程非常复杂，存在大量基元反应①，如何利用机器学习深入理解其催化

① 基元反应是指在化学反应过程中，反应物分子转化为产物分子时一般需要经过若干个简单步骤。其中每一个简单的反应步骤就称为一个基元反应。

反应的机理仍然是目前面对的一个重要挑战。值得注意的是，虽然目前CO_2催化剂种类繁多，但是如何设计通用的描述符提高机器学习模型的可迁移性，实现高通量的筛选仍然值得我们思考与探究。我们相信人工智能将会继续在CO_2催化领域发挥着重要的作用，为实现“双碳”目标提供重要的驱动力。

参考文献

[1] JIA W L, WANG H, CHEN M, et al. Pushing the limit of molecular dynamics with ab initio accuracy to 100 million atoms with machine learning [C] // SC20: International Conference for High Performance Computing, Networking, Storage and Analysis. NJ, USA: LEEE, 2020: 1–14.

[2] SCHWALLER P, GAUDIN T, LáNYI D, et al. "Found in Translation": predicting outcomes of complex organic chemistry reactions using neural sequence–to–sequence models [J]. Chemical Science, 2018, 9 (28): 6091–6098.

[3] TUNYASUVUNAKOOL K, ADLER J, WU Z, et al. Highly accurate protein structure prediction for the human proteome [J]. Nature, 2021, 596 (7873): 590–596.

[4] SEGLER M H S, PREUSS M, WALLER M P. Planning chemical syntheses with deep neural networks and symbolic AI [J]. Nature, 2018, 555 (7698): 604–610.

[5] MA P X, NG C, RIZK L, et al. A deep–learning search for technosignatures from 820 nearby years [EB/OL]. (2023–01–30) [2023–02–01]. https://doi.org/10.1038/s41550–022–01872–z.

[6] LEE J–W, PARK W B, LEE J H, et al. A deep–learning technique for phase identification in multiphase inorganic compounds using synthetic XRD powder patterns [J]. Nature Communications, 2020, 11 (1): 86.

[7] CHOUDHARY K, DECOST B, CHEN C, et al. Recent advances and applications of deep learning methods in materials science [J]. npj Computational Materials, 2022, 8 (1): 59.

[8] HUANG L P, SUN H W, SUN L B, et al. Rapid, label–free histopathological diagnosis of liver cancer based on Raman spectroscopy and deep learning [J]. Nature Communications, 2023, 14 (1): 48.

[9] FRISBEE A R, NANTZ M H, KRAMER G W, et al. Laboratory automation. 1: syntheses via vinyl sulfones. 14. Robotic orchestration of organic reactions: yield optimization via an automated system with operator-specified reaction sequences [J]. Journal of the American Chemical Society, 1984, 106 (23): 7143-7145.

[10] PERERA D, TUCKER J W, BRAHMBHATT S, et al. A platform for automated nanomole-scale reaction screening and micromole-scale synthesis in flow [J]. Science, 2018, 359 (6374): 429-434.

[11] BURGER B, MAFFETTONE P M, GUSEV V V, et al. A mobile robotic chemist [J]. Nature, 2020, 583 (7815): 237-241.

[12] ZHU Q, ZHANG F, HUANG Y, et al. An all-round AI-Chemist with a scientific mind [J]. National Science Review, 2022.

[13] 陈春林，李步印，程旭，等. 一种基于六轴机械臂的化学实验自动化系统：CN111659483B [P]. 2021-05-28.

[14] XIE M, SHEN, Y, MA W, Fast screening for copper-based bimetallic electrocatalysts: efficient electrocatalytic reduction of CO_2 to C_2+ products on magnesium-modified copper [J]. Angewandte Chemie International Edition, 2022, 61 (51): e202213423.

[15] JUMPER J, EVANS R, PRITZEL A, et al. Highly accurate protein structure prediction with AlphaFold [J]. Nature, 2021, 596 (7873): 583-589.

[16] LI J, ZHU W, WANG J, et al. RNA3DCNN: Local and global quality assessments of RNA 3D structures using 3D deep convolutional neural networks [J]. PLoS Computational Biology, 2018, 14 (11): e1006514.

[17] 李敏，林子杰，廖文斌，等. 人工智能在合成生物学的应用 [J]. 集成技术，2021，10 (05): 43-56.

[18] VOIGT C A. Synthetic biology 2020-2030: six commercially-available products that are changing our world [J]. Nature Communications, 2020, 11 (1): 6379.

[19] PISHCHULIN L, INSAFUTDINOV E, TANG S, et al. Deepcut: joint subset partition and labeling for multi person pose estimation [C] //2016 IEEE Conference on computer Vision and Pattern Recognition (CVPR). Nj. USA: IEEE. 2016: 4929-4937.

[20] DASGUPTA A, BRODERICK S R, MACK C, et al. Probabilistic

assessment of glass forming ability rules for metallic glasses aided by automated analysis of phase diagrams [J]. Scientific Reports, 2019, 9 (1): 357.
[21] WEN C X, ZHANG Y, WANG C, et al. Machine learning assisted design of high entropy alloys with desired property [J]. Acta Materialia, 2019, 170: 109–17.
[22] XUE D Z, BALACHANDRAN P V, HOGDEN J, et al. Accelerated search for materials with targeted properties by adaptive design [J]. Nature Communications, 2016, 7 (1): 11241.
[23] CHONG S, LEE S, KIM B, et al. Applications of machine learning in metal–organic frameworks [J]. Coordination Chemistry Reviews, 2020, 423: 213487.
[24] JABLONKA K M, ONGARI D, MOOSAVI S M, et al. Big–data science in porous materials: materials genomics and machine learning [J]. Chemical Reviews, 2020, 120 (16): 8066–8129.
[25] SHI Z N, YANG W Y, DENG X M, et al. Machine–learning–assisted high–throughput computational screening of high performance metal–organic frameworks [J]. Molecular Systems Design & Engineering, 2020, 5 (4): 725–742.
[26] YAO Z P, SÁNCHEZ–LENGELING B, BOBBITT N S, et al. Inverse design of nanoporous crystalline reticular materials with deep generative models [J]. Nature Machine Intelligence, 2021, 3 (1): 76–86.
[27] LI Y, CAO H X, YU J H. Toward a new era of designed synthesis of nanoporous zeolitic materials [J]. ACS Nano, 2018, 12 (5): 4096–4104.
[28] LI Y, LI X, LIU J C, et al. In silico prediction and screening of modular crystal structures via a high–throughput genomic approach [J]. Nature Communications, 2015, 6 (1): 8328.
[29] LI J Y, QI M, KONG J, et al. Computational prediction of the formation of microporous aluminophosphates with desired structural features [J]. Microporous and Mesoporous Materials, 2010, 129 (1–2): 251–255.
[30] SCHWALBE–KODA D, KWON S, PARIS C, et al. A priori control of zeolite phase competition and intergrowth with high–throughput

simulations [J]. Science, 2021, 374 (6565): 308–315.
[31] GU Y M, ZHU Q, LIU Z T, et al. Nitrogen reduction reaction energy and pathways in metal–zeolites: deep learning and explainable machine learning with local acidity and hydrogen bonding features [J]. Journal of Materials Chemistry A, 2022, 10 (28): 14976–14988.
[32] ARIMA A, TSUTSUI M, HARLISA I, et al. Selective detections of single–viruses using solid–state nanopores [J]. Scientific Reports, 2018, 8 (1): 16305.
[33] WANG Y Q, ZHANG S Y, JIA W D, et al. Identification of nucleoside monophosphates and their epigenetic modifications using an engineered nanopore [J]. Nature Nanotechnology, 2022, 17 (9): 976–983.
[34] ATTIA P M, GROVER A, JIN N, et al. Closed–loop optimization of fast–charging protocols for batteries with machine learning [J]. Nature, 2020, 578 (7795): 397–402.
[35] University of Essex. New AI–powered app could boost smartphore batteries by 30 percent [EB/OL]. (2022–07–05) [2022–11–20]. https://www.essex.ac.vk/news/2022/07/05/app–could–boost–smartphone–batteries–by–30–per–cent.
[36] CUI Y, XU Y, YAO H F, et al. Single–Junction organic photovoltaic cell with 19% efficiency [J]. Advanced Materials, 2021, 33 (41): e2102420.
[37] HACHMANN J, OLIVARES–AMAYA R, JINICH A, et al. Lead candidates for high–performance organic photovoltaics from high–throughput quantum chemistry – the Harvard Clean Energy Project [J]. Energy & Environmental Science, 2014, 7 (2): 698–704.
[38] SUN W B, ZHENG Y J, YANG K, et al. Machine learning assisted molecular design and efficiency prediction for high–performance organic photovoltaic materials [J]. Science Advances, 2019, 5 (11): eaay4275.
[39] SAHU H, RAO W N, TROISI A, et al. Toward predicting efficiency of organic solar cells via machine learning and improved descriptors [J]. Advanced Energy Materials, 2018, 8 (24): 1801032.
[40] WEN Y P, LIU Y H, YAN B H, et al. Simultaneous optimization of donor/acceptor pairs and device specifications for nonfullerene organic

solar cells using a QSPR model with morphological descriptors [J]. Journal of Physical Chemistry Letters, 2021, 12 (20): 4980–4986.

[41] VENKATRAMAN V, YEMENE A E, DE MELLO J. Prediction of absorption spectrum shifts in dyes adsorbed on titania [J]. Scientific Reports, 2019, 9 (1): 16983.

[42] WEN Y P, FU L L, LI G Q, et al. Accelerated discovery of potential organic dyes for Dye-Sensitized solar cells by interpretable machine learning models and virtual screening [J]. Solar RRL, 2020, 4 (6): 2000110.

[43] BERGEN K J, JOHNSON P A, DE HOOP M V, et al. Machine learning for data-driven discovery in solid Earth geoscience [J]. Science, 2019, 363 (6433), eaau0323.

[44] HE Y Y, ZHOU Y, TAO W, et al. A review of machine learning in geochemistry and cosmochemistry: method improvements and applications [J]. Applied Geochemistry, 2022, 140 (C): 105273.

[45] ZHONG S F, ZHANG K, BAGHERI M, et al. Machine learning: new ideas and tools in environmental science and engineering [J]. Environmental Science & Technology, 2021, 55 (19): 12741–12754.

[46] XIA D M, CHEN J W, FU Z Q, et al. Potential application of machine-learning-based quantum chemical methods in environmental chemistry [J]. Environmental Science & Technology, 2022, 56 (4): 2115–2123.

[47] LIU X, LU D W, ZHANG A Q, et al. Data-driven machine learning in environmental pollution: gains and problems [J]. Environmental Science & Technology, 2022, 56 (4): 2124–2133.

[48] HUANG R X, MA C X, MA J, et al. Machine learning in natural and engineered water systems [J]. Water Research, 2021, 205: 117666.

[49] GAO F, SHEN Y K, SALLACH J B, et al. Direct prediction of bioaccumulation of organic contaminants in plant roots from soils with machine learning models based on molecular structures [J]. Environmental Science & Technology, 2021, 55 (24): 16358–16368.

[50] IRVINE-FYNN T D L, BUNTING P, COOK J M, et al. Temporal variability of surface reflectance supersedes spatial resolution in defining Greenland's bare-ice albedo [J]. Remote Sensing, 2022, 14 (1): 62.
[51] MA J, CHENG J C P, LIN C Q, et al. Improving air quality prediction accuracy at larger temporal resolutions using deep learning and transfer learning techniques [J]. Atmospheric Environment, 2019, 214: 116885.
[52] DEROT J, YAJIMA H, JACQUET S. Advances in forecasting harmful algal blooms using machine learning models: A case study with Planktothrix rubescens in Lake Geneva [J]. Harmful Algae, 2020, 99: 101906.
[53] ZHONG S F, ZHANG Y P, ZHANG H C. Machine learning-assisted QSAR models on contaminant reactivity toward four oxidants: Combining small data sets and knowledge transfer [J]. Environmental Science & Technology, 2022, 56 (1): 681-692.
[54] HU X F, BELLE J H, MENG X, et al. Estimating $PM_{2.5}$ concentrations in the conterminous united states using the random forest approach [J]. Environmental Science & Technology, 2017, 51 (12): 6936-6944.
[55] TAN H Y, WANG X X, HONG H, et al. Structures of endocrine-disrupting chemicals determine binding to and activation of the estrogen receptor α and androgen receptor [J]. Environmental Science & Technology, 2020, 54 (18): 11424-11433.
[56] BAGHERI M, AL-JABERY K, WUNSCH D, et al. Examining plant uptake and translocation of emerging contaminants using machine learning: Implications to food security [J]. Science of The Total Environment, 2020, 698: 133999.
[57] WANG G X, CHEN J X, DING Y C, et al. Electrocatalysis for CO_2 conversion: from fundamentals to value-added products [J]. Chemical Society Reviews, 2021, 50 (8): 4993-5061.
[58] ZHONG M, TRAN K, MIN Y M, et al. Accelerated discovery of CO_2 electrocatalysts using active machine learning [J]. Nature, 2020, 581 (7807): 178-183.
[59] CHEN Y L, HUANG Y F, CHENG T, et al. Identifying active sites

for CO_2 reduction on dealloyed gold surfaces by combining machine learning with multiscale simulations [J]. Journal of the American Chemical Society, 2019, 141 (29): 11651–11657.

[60] ZHU Q, GU Y M, LIANG X Y, et al. A machine learning model to predict CO_2 reduction reactivity and products transferred from metal–zeolites [J]. ACS Catalysis, 2022, 12 (19): 12336–12348.

[61] BATCHELOR T A A, PEDERSEN J K, WINTHER S H, et al. High–entropy alloys as a discovery platform for electrocatalysis [J]. Joule, 2019, 3 (3): 834–845.